DIE VOLKSERNÄHRUNG

VERÖFFENTLICHUNGEN AUS DEM TÄTIGKEITSBEREICHE DES
REICHSMINISTERIUMS
FÜR ERNÄHRUNG UND LANDWIRTSCHAFT
HERAUSGEGEBEN UNTER MITWIRKUNG DES
REICHSAUSSCHUSSES FÜR ERNÄHRUNGSFORSCHUNG

1. HEFT

DAS BROT

VON

PROF. DR. MED. ET PHIL. R. O. NEUMANN
GEHEIMER MEDIZINALRAT
DIREKTOR DES HYGIENISCHEN INSTITUTS DER UNIVERSITÄT
BONN

SPRINGER-VERLAG BERLIN HEIDELBERG GMBH
1922

ISBN 978-3-642-93775-0   ISBN 978-3-642-94175-7 (eBook)
DOI 10.1007/978-3-642-94175-7

Die gesamte Ernährungslage Deutschlands wird grell beleuchtet durch die Tatsache, daß durch den Rückgang der heimischen Produktion infolge des Krieges und durch den Verlust für die Volksernährung äußerst bedeutsamer Teile Deutschlands der Einfuhrbedarf des Deutschen Reiches allein an Brotgetreide jährlich über 2 Millionen Tonnen beträgt. Die Mehreinfuhr von Erzeugnissen der Land- und Forstwirtschaft und anderen tierischen und pflanzlichen Naturerzeugnissen, Nahrungs- und Genußmitteln stellte sich für die Monate Mai bis Dezember 1921 auf 49,7 Milliarden Mark. Der Einfuhrbedarf von Lebensmitteln im Jahre 1922 wird sich schätzungsweise auf mindestens 2,5 Milliarden Goldmark belaufen; das sind bei dem gegenwärtigen Kursstand von etwa 250 Mark für den Dollar 149 Milliarden Papiermark jährlich. Es bedarf keiner weiteren Ausführung, daß bei dem starken Einfuhrbedarf, der daneben zur Befriedigung der übrigen Bedürfnisse des wirtschaftlichen Lebens besteht, und bei den ungeheuren Anforderungen, die die Leistungen für die Entente an die deutsche Wirtschaft stellen, alle nur irgend geeigneten Mittel ergriffen werden müssen, um den Einfuhrbedarf Deutschlands an Lebens- und Genußmitteln auf das geringstmögliche Maß herabzudrücken. Dazu ist in erster Linie die verständnisvolle Mitarbeit der deutschen Landwirtschaft erforderlich. Ihr fällt die Aufgabe zu, die einheimische Produktion durch intensive Bodenbearbeitung, durch entsprechende Erschließung bisher unbewirtschaftet gebliebener Bodenflächen, durch sachdienlich verstärkte Düngung, durch Förderung der Pflanzenzucht, richtige Sortenwahl, regelmäßigen Wechsel des Saatguts, planmäßige Unkraut- und Schädlingsbekämpfung, Verallgemeinerung der Verwendung zweckmäßiger Maschinen und Geräte, Hebung und Förderung der Viehzucht u. a. m., die inländische Erzeugung an Lebensmitteln weitestgehend zu steigern. Werden diese Mittel von der deutschen Landwirtschaft mit größter Tatkraft ergriffen, und an dem ernsten Willen der beteiligten Kreise hierzu ist nicht zu zweifeln, so kann mit einer bedeutenden Steigerung der Inlandsproduktion in absehbarer Zeit gerechnet werden. Wie auf allen Gebieten des deutschen Wirtschaftslebens entspricht jedoch der Forderung nach erhöhter Arbeitsleistung zwecks Steigerung der inländischen Produktion auf der anderen Seite die Verpflichtung zu größter Sparsamkeit beim Verbrauch der gewonnenen Sachgüter. Auf das Gebiet des Ernährungswesens übertragen, bedeutet diese Forderung, daß alle in Deutschland vorhandenen oder erzeugten Güter, die unmittelbar oder mittelbar der menschlichen Ernährung dienstbar gemacht werden können, auch sämtlich diesem Zwecke zugeführt werden müssen, und zwar in einer Weise, daß aus ihnen der größtmögliche Nutzen gezogen wird. Mit anderen Worten: Es muß Vorsorge getroffen werden, daß die für die menschliche Ernährung geeigneten Rohstoffe in einer Weise verwendet werden, die, vom ernährungsphysiologischen Standpunkte aus betrachtet, sich als die vorteilhafteste darstellt. Die gewonnenen Rohstoffe müssen so aufbewahrt (konserviert) werden, daß bei der Lagerung Verluste durch Schwund und Verderben auf das geringstmögliche Maß zurückgeführt werden, und endlich muß der Frage nach der Vermehrung der Quellen der Nahrungsgewinnung ernste Aufmerksamkeit gewidmet werden.

Die Lösung dieser Fragen kann nur unter intensiver Mitwirkung der deutschen Ernährungswissenschaft erfolgen. Trotz der hervorragenden Leistungen, die gerade von deutschen Forschern — z. B. Liebig, Voit, Pettenkofer und Rubner — vollbracht worden sind, gibt es auf dem Gebiete der Ernährungswissenschaft im engeren und weiteren Sinne noch eine überraschend große Zahl von ungelösten Problemen. Dies ist letzten Endes darauf zurückzuführen, daß in Deutschland vor dem Kriege ein eigentlicher Nahrungsmittelmangel nie vorhanden gewesen ist, und daß daher das allgemeine Interesse sich der Lösung dieser Aufgaben nicht mit der Kraft zugewendet hat, die die Not der Zeit nunmehr unbedingt erfordert. Die deutschen Forscher haben die Mahnung der Zeit durchaus verstanden, und auch die Öffentlichkeit bringt den ernährungswissenschaftlichen Problemen größere Anteilnahme als je entgegen. Auf ernährungsphysiologischem Gebiete sind es vor allem Fragen nach der Bedeutung der Mineralstoffe im Haushalt der Pflanzen und der Menschen sowie der Vitamine, die gegenwärtig allgemein interessieren. Es ist noch nicht allzulange her, da man glaubte, daß für die Ernährung nur Eiweiß, Fett, Kohlenhydrate und gewisse Mineralstoffe in Betracht kämen. Heute wissen wir, daß noch andere Stoffe dazu unbedingt nötig sind, und zwar insbesondere die sog. Vitamine. Diese Körper sind für die ganze Ernährung von allergrößter Bedeutung. Obwohl auf diesem Gebiete bereits eine große Anzahl von bedeutenden Arbeiten vorliegt, bedarf es noch einer intensiven systematischen Forschung auf den verschiedensten Wissensgebieten, ehe hier volle Klarheit entsteht, und gerade diese ist so nötig für das Studium der Wirkungen der Nährstoffe in ihrer Kombination in der Nahrung. Das gleiche gilt für die Enzyme. Bei den Lebensvorgängen in der menschlichen und tierischen Zelle und bei der Verdauung spielen sich tiefgehende chemische Prozesse ab, deren Zustandekommen nur durch das Vorhandensein von sog. Katalysatoren möglich ist, die in der physiologischen Chemie als Enzyme bezeichnet werden. Die ganze Enzymchemie ist allein schon ein großes noch zu lösendes Problem. Die Enzyme spielen aber auch eine große Rolle in der absterbenden Zelle; sie sind daher von großer Bedeutung bei der Herstellung zahlreicher Erzeugnisse, die für die Ernährung unmittelbar oder mittelbar wichtig sind (bei der Reifung des Fleisches, bei der Trocknung landwirtschaftlicher Produkte, z. B. beim Trocknen der Gemüse, des Obstes, der Kartoffeln, selbst des Heues, beim Lagern des Getreides, Mehles usw.). In Verbindung mit dem Enzymeproblem bedürfen ferner die Vorgänge der Zersetzung der Lebensmittel durch Kleinlebewesen noch eingehender Untersuchung. Diese Arbeiten können im Verein mit denen über die Enzyme auf dem Gebiete der Haltbarmachung der Lebensmittel von größter Bedeutung werden. Es braucht hierbei nur an die Bedeutung der Kartoffeln für die Volksernährung, aber auch an die Notwendigkeit der Verbesserung der Methoden der Obst- und Gemüseaufbewahrung und -konservierung erinnert werden. Obst ist selbst in der schlimmsten Kriegszeit in manchen Gegenden Deutschlands zu Tausenden von Zentnern umgekommen, nur weil man keine Möglichkeit kannte, es auf einfache Weise in eine haltbare Form überzuführen. Erhebliche Verluste an Nährwerten treten aber auch durch unzweckmäßige Zubereitung der Speisen ein; insbesondere gilt dies von der Herstellung von Gemüsespeisen. Die heutigen Kochbücher unterscheiden sich mit geringen Ausnahmen nicht wesentlich von denen der früheren Jahrhunderte, und es ist daher leicht einzusehen, daß sie recht verbesserungsbedürftig sind. Hier muß die wissenschaftliche Forschung einsetzen, um nach Möglichkeit allgemeingültige Leitsätze aufzustellen, die in den Küchenbetrieb übertragbar sind. Bei der Lösung dieser Fragen spielen eine große Rolle die Geschmacks- und Geruchsstoffe, die bei der Zubereitung erzeugt oder zugesetzt werden müssen, ferner die Erhaltung der Vitamine und die richtige Zusammenstellung der Nährstoffe, die zu erfolgen hat, um die beste Ausnutzung zu gewährleisten.

Hinsichtlich der Frage der Vermehrung der Quellen der Nahrungsgewinnung sei beispielsweise erwähnt, daß die Wissenschaft in neuerer Zeit versucht, auf chemischem Wege aus Kohlenwasserstoffen, den leicht zugänglichen Anteilen des Braunkohlenteers, Fettsäuren herzustellen. Es ist zu untersuchen, inwieweit diese nicht nur für technische Zwecke (z. B. Seifenfabrikation), sondern auch für die Ernährung herangezogen werden können. Auch die Frage der Verwertung anderer Fettsäureester, an Stelle von Glyzeriden, den eigentlichen Fetten, ist physiologisch eingehend zu prüfen, da mit der Möglichkeit zu rechnen ist, daß auf diese Weise für die höheren Fettsäuren, wie Stearinsäure, eine bessere Ausnutzungsmöglichkeit geschaffen werden kann. Ferner seien genannt die Untersuchungen auf Verwertung von Hornsubstanzen (Hörnern und Klauen der Tiere) mittelbar (als Zusatz zum Futter der Tiere) oder unmittelbar für die Ernährung der Menschen, auf Umwandlung der Zellulose des Holzes in Zuckerarten, auf Aufschließung des Strohes und anderer pflanzlicher Stoffe für die tierische Ernährung usw.

Aufgabe einer verständigen Ernährungspolitik muß es sein, der deutschen Ernährungswissenschaft die Wege für eine fruchtbringende Tätigkeit auf den eben skizzierten Gebieten zu ebnen. Um dies Ziel zu erreichen, habe ich als Reichsminister für Ernährung und Landwirtschaft Maßnahmen eingeleitet, von denen ich hoffe, daß sie zu einer Förderung ernährungswissenschaftlicher Forschungstätigkeit führen werden.

Ich habe Anfang 1921 eine Anzahl bedeutender Forscher in einen Reichsausschuß für Ernährungsforschung berufen, um auf diese Weise eine enge Verbindung zwischen den Vertretern der Ernährungswissenschaft und dem Reichsministerium für Ernährung und Landwirtschaft herzustellen, damit es diesem ermöglicht wird, die Aufmerksamkeit der Wissenschaft auf besonders dringliche, vom Standpunkte der Verwaltung interessierende Fragen der Volksernährung zu lenken. Daneben soll der Ausschuß bei seinen Beratungen in wissenschaftlicher, technischer und volkswirtschaftlicher Hinsicht zugleich fortgesetzt anregend auf seine eigenen Mitglieder wirken, durch gemeinsamen Gedankenaustausch von Vertretern aller beteiligten wissenschaftlichen Kreise eine Zersplitterung der Kräfte vermeiden und damit zur vollen Entwicklung aller für die Volksernährung in Betracht kommenden Kräfte beitragen. Dabei habe ich mich bei der Zusammensetzung dieses Ausschusses von dem Gedanken leiten lassen, daß eine Zentralstelle für das gesamte Ernährungswesen die einschlägigen Fragen nicht nur vom ernährungsphysiologischen Standpunkte aus behandeln kann, sondern sich auch die gleichwertige Mitarbeit des Physiologen, des Chemikers, des Botanikers, des Hygienikers und des Nationalökonomen sichern muß.

Ferner ist in den Haushaltplan des Reichsministeriums für Ernährung und Landwirtschaft ein Betrag zur Förderung ernährungswissenschaftlicher Forschungstätigkeit eingestellt worden, von dem Teilbeträge unter Mitwirkung des Reichsausschusses für Ernährungsforschung an einzelne Forscher und Institute zur Lösung bestimmter ernährungswissenschaftlicher Aufgaben verteilt werden sollen.

Endlich sollen durch Herausgabe zwangloser „wissenschaftlicher Beiträge" in gemeinverständlicher Form die wissenschaftlichen Kreise und die Öffentlichkeit für die Probleme der Volksernährung interessiert und auf diese Weise der Versuch unternommen werden, alle Kräfte zur Erreichung des oben dargetanen Zieles in Bewegung zu setzen. Das erste Heft dieser Veröffentlichungen liegt nunmehr vor. Es enthält eine Abhandlung über „Das Brot" von Geheimrat Professor Dr. med. et phil. R. O. Neumann, Bonn. Ich darf über die Aufgaben, die der Herr Verfasser sich bei der Abfassung dieses Werkes gesteckt hat, auf seine eigenen Ausführungen verweisen und gleichzeitig auf die interessanten Darlegungen aufmerksam machen, die auf Seite III über die weiteren Forschungsprobleme in der Brotfrage gemacht worden sind.

Ein zweites Heft wird von Geheimrat Professor Dr. med. et phil. Emil Abderhalden - Halle über „Nahrungsstoffe mit besonderen Wirkungen", ein drittes von Professor Dr. Heiduschka-

Dresden über die „Fettfrage" Abhandlungen bringen. Weitere Hefte sollen folgen.

Welche Erfolge zielbewußte Forschungstätigkeit auf volkswirtschaftlichem Gebiete haben kann, beweist die Förderung, die die chemische Industrie schon seit Jahrzehnten von der chemischen Wissenschaft erfahren hat und beweisen ferner auf dem großen Gebiete der Volksernährung im weitesten Sinne das Beispiel der künstlichen Stickstofferzeugung und die Veränderungen, die infolge der Ergebnisse der neuzeitigen Forschung auf dem Gebiete der Ernährung der Pflanzen und des Viehes eingetreten sind. Eine aus der Not der Zeit geborene systematische Erforschung der Probleme der Volksernährung wird zweifellos bei dem hohen Stand unserer wissenschaftlichen Forschung zu Ergebnissen führen, die in ihren volkswirtschaftlichen Auswirkungen den eben genannten Beispielen an die Seite gestellt werden können. Mögen Landwirtschaft und Ernährungswissenschaft und eine zielbewußte Ernährungspolitik uns dazu verhelfen, daß die schweren Nachwirkungen des Krieges auf dem Gebiete der Ernährung allmählich vollständig überwunden werden.

Berlin, den 7. März 1922.

Der Reichsminister für Ernährung
und Landwirtschaft
Dr. Hermes.

Vorwort.

Soweit die geschichtliche Überlieferung reicht, hat die **Brotfrage** in den Ländern, wo Brotgetreide Verwendung fand, als Problem der Ernährung immer eine hervorragende Rolle gespielt. Die Wichtigkeit des Brotes ist aber der Bevölkerung in **Friedenszeiten** kaum recht zum Bewußtsein gekommen, da noch genug andere Nahrungsmittel zur Befriedigung des Nahrungsbedürfnisses zur Verfügung standen. Sobald aber, wie bei **Hungersnöten** oder in **Kriegszeiten**, die Ernährungsbedingungen schwieriger wurden, trat das Brot jedesmal in seiner ganzen Bedeutung in den Vordergrund, und wer wüßte sich nicht zu erinnern, daß auch während der Nahrungsnot im letzten Völkerringen „**ein Stück guten Brotes**" der sehnlichste Wunsch Tausender gewesen ist.

Die Folgen des Krieges sind aber noch nicht überwunden, und der Mangel an ausreichendem Brotgetreide ist noch nicht behoben. Da heißt es schaffen und arbeiten, um wieder zu dem glücklichen Zustande zu gelangen, wo auf dem Tisch jedes Einzelnen Brot in jeder Form und jeder Menge zur Verfügung stand. Um dies zu erreichen, müssen **Politik, Landwirtschaft** und **Ernährungswissenschaft** Hand in Hand gehen, um dem Volke zu geben, was es am dringendsten braucht.

Aber auch das **Volk selbst** muß mitarbeiten. Es muß teilnehmen an den Aufgaben, deren Ergebnisse ihm zugute kommen sollen. Es muß vor allen Dingen Verständnis gewinnen für die Fragen der Ernährung und darf nicht achtlos vorübergehen an der wissenschaftlichen Erkenntnis, die durch intensive Forschung und experimentelle Untersuchung gewonnen wird.

Die Verbraucher stehen den **wissenschaftlichen** und **sozialen Brotfragen** oft noch völlig fremd gegenüber. Und doch drängen sich diese ohne weiteres auf und erscheinen so mannigfaltig und interessant, sobald nur einmal die Brotnahrung auf ihre praktische, volkswirtschaftliche und ernährungsphysiologische Seite hin geprüft wird.

Zur Illustration mögen einige dieser Fragen genannt sein: Welche Rolle spielt das Brot im Vergleich zu den andern Nahrungsmitteln, ist das Schwarzbrot dem Weißbrot vorzuziehen oder umgekehrt, welche Unterschiede bestehen zwischen diesen Brotarten, wie wird das Brot im Organismus ausgenützt, wie wird das grobe, das feine, das Kleiebrot, das Vollkornbrot verwertet, wie steht es mit der Verdaulichkeit und der Bekömmlichkeit des Brotes, wie ist die chemische Zusammensetzung, welche Getreidearten sind für die Brotbereitung brauchbar, zweckmäßig und geeignet, worauf beruht der Geschmack des Brotes, welchen Einfluß üben das Mehl, die Gärungsorganismen und die Backtechnik auf das Brot aus, wie ist die Kleiefrage zu beurteilen, welche Bedeutung haben die Spezial- und Reformbrote, wie groß ist der Einfluß des Wasch- und Enthülsungsprozesses und des Schälverfahrens, wie hoch darf der Wassergehalt sein, welche Bedeutung hat die Säure des Brotes für den Geschmack, wie steht es mit den sog. Vitaminen und den Mineralstoffen, welche Wirkungen hat die Feuchtvermahlung des Getreides, welche Verluste erleidet das Brot bei der Aufbewahrung, worin besteht das Altbackenwerden des Brotes usw.?

Auch nur bei oberflächlicher Kenntnis von dererlei Tatsachenmaterial würde und müßte die Beurteilung des Brotes in den weiteren Schichten des Volkes eine ganz andere sein. Manches Vorurteil würde wegfallen, manche Unter- und Überschätzung würde beseitigt werden.

Freilich darf man die Hoffnungen auf einen baldigen Umschwung dieser Sachlage nicht allzu hoch spannen, da sich beim Menschen auf kaum einem anderen Gebiet ein solcher Konservativismus zeigt, als wie in der Ernährungs- und Brotfrage. Man will, sei es aus Gewohnheit, Erziehung oder aus Bequemlichkeit, beim Althergebrachten bleiben und betrachtet mißtrauisch jede Verbesserung und Neuerung.

Trotzdem darf nichts unversucht bleiben, um für den Fortschritt aufklärend zu wirken.

Im Hinblick auf diese Tatsachen hat sich der Herr Minister für Ernährung und Landwirtschaft veranlaßt gesehen, eine Reihe von Veröffentlichungen aus dem Gebiete der Ernährung einem größern Leserkreise zugängig zu machen, die die Anteilnahme an diesen Fragen fördern sollen. Die erste dieser Schriften, mit deren Bearbeitung der Unterzeichnete beauftragt worden ist, enthält:

Die Broternährung und ihre wissenschaftlichen Grundlagen.

Sie richtet sich an die große Gemeinde des Volkes. Trotz wissenschaftlicher Sachlichkeit ist sie so gehalten, daß auch der gebildete Laie einen Einblick in die komplizierten Fragen der Broternährung und Verständnis für den wichtigsten Teil der menschlichen Nahrung gewinnen kann.

Bonn a. Rh., den 15. Februar 1922.

R. O. Neumann.

Inhaltsverzeichnis.

I. Die Entwicklung der Brotnahrung.

Die Brotnahrung, wie sie jetzt bei uns allgemein verbreitet ist, kann als der Höhepunkt einer allmählich fortschreitenden Kultur bezeichnet werden, deren Beginn aber bereits viele Tausend Jahre zurückliegt. In der allerfrühesten Zeit aß man noch gar kein Brot und die sog. Brote, wie sie uns später entgegentreten, haben mit dem derzeitigen Brot nur sehr wenig Ähnlichkeit. Man findet zwar bei den Griechen und Römern die Anfänge einer Brotzubereitung aus Weizen, das Gebäck wird auch schon in Backöfen gebacken, aber es war viel schwerer als das unsrige. Erst im Mittelalter wird in einer Urkunde des Frankfurter Capitulare von 794 von „Brot" gesprochen, das dem jetzigen Brot in seinem Äußern ähnlich gewesen sein dürfte. Ob es unserm Geschmacke entsprochen hätte, ist allerdings fraglich.

Die Entwicklung der Brotnahrung spielte sich im Laufe der Jahrtausende — wie Maurizio in seiner trefflichen Schilderung über die Getreidenahrung ausführt — etwa in drei Phasen ab: Die Verwendung von Breien, die Herstellung von Fladen und die Bereitung des Brotes. Zwar geht die eine Phase aus der andern hervor, aber die Übergänge sind sehr verwischt. In Wirklichkeit liegt die Sache so, daß während der Fladenperiode auch die Breinahrung noch geübt wird und daß in die Zeit der Brotnahrung die Fladenperiode weit hinein reicht. Es ist sogar ein leichtes festzustellen, daß sowohl die Breinahrung, wie die Verwendung von Fladen, wie der Brotgenuß bis in unsere Zeit hinein nebeneinander Geltung haben.

Die Völker im Urzustande sammelten die Früchte von den verschiedensten Wildgräsern und bereiteten sich davon Aufgüsse oder kochten sie in den sog. Steinkochern. Das sind Töpfe oder Behälter, in denen das gemahlene Gut mit Wasser übergossen und dann mit heißgemachten Steinen, die man in die Gefäße brachte, gar gekocht wurden. Je nach der Konzentration erhielt man Suppen oder Breie.

Auf die Wahl der Frucht wurde zunächst kein großer Wert gelegt, man verwandte alle Arten von Samen, die man fand, bis schließlich nur den großfrüchtigen Gräsern der Vorzug gegeben wurde.

So bildete sich allmählich eine Auslese von Breipflanzen heraus, von denen die Hirse und der Buchweizen die Hauptrolle spielten. Diese Breie stellten die wichtigste Nahrung der primitiven Völker dar und auch jetzt leben noch Millionen Menschen ohne Brot und nur von Breien. Wie verbreitet diese Gewohnheit ist, geht daraus hervor, daß z. B. noch in Indien, China, Japan, überhaupt in Asien der Reis, in Amerika der Mais, in Südamerika die Kassawe, auf den großen Sundainseln der Sago und in den nordeuropäischen Ländern der Hafer als Breipflanze ausgedehnte Verwendung finden. Freilich nicht mehr in der alten rohen Form, wo die ganzen Körner mit Spelzen und Samenhaut zerstampft wurden, sondern in geschältem Zustande, wie das z. B. bei den heutigen Gries- und Grützebreien üblich ist. Nur in slawischen Ländern genießt man noch Breie aus nichtenthülstem Hafer, Roggen und Gerste.

Die Herstellungsart unserer heutigen Gebäcke kannte man in den frühesten Zeiten auch noch nicht, höchstens röstete man Körnerfrüchte, um sie schmackhafter zu machen. Einen Vorläufer des Brotes bildeten erst die Fladen.

Man zerkleinerte die Körner wie bei der Breibereitung in Mörsern aus Stein oder Holz, verarbeitete den Schrot mit Wasser zu einem Teige, formte ihn mit der Hand oder später in Pfannen oder Schüsseln zu flachen Kuchen und erhitzte ihn auf heißen Steinen, in glühender Asche oder auf Eisenrosten. In derselben Weise wurden auch die Fladen aus Brei verfertigt, indem die Pfanne oder die Steine angefettet, der Brei daraufgegossen und sodann geröstet wurde, ganz ähnlich, wie man es heutzutage bei der Herstellung der „Pfannkuchen“ macht.

Über die Art, die Form und das Körnermaterial der Fladen sind wir auch schon aus der Urzeit sehr genau unterrichtet, da uns aus den Pfahlbauten reichliches Material erhalten geblieben ist. Die Fladen waren der Bronze- wie der jüngeren Steinzeit bekannt, sie fanden sich bei den Babyloniern, Ägyptern, Indern, Römern und wurden auch von den Italienern und den Deutschen bis ins Mittelalter hinein mit übernommen.

Es existiert vielleicht kein Volk und kein Land, wo nicht zu irgendeiner Zeit der Gebrauch der Fladen als alleiniges Gebäck oder als Vorläufer des Brotes der Ernährung gedient hätte, und auch heute noch bilden sie entweder die ausschließliche oder wenigstens die Hauptnahrung der Indianer, Armenier, Lappen und einiger slawischer Völker.

Das eigentliche Charakteristische an den Fladen ist die Zubereitung ohne Treibmittel. Es waren „süße, ungesäuerte" Brote. Derartige Gebäcke gehen aber bekanntlich nicht auf, sie werden, wenn sie erkaltet sind, hart und unschmackhaft und das ist auch der Grund, weshalb sie meist in frischgeröstetem oder gebackenem Zustande genossen wurden.

Nun blieb es nicht aus, daß gelegentlich bei längerem Stehen, die mit Wasser angerührten zerstampften Körner oder auch fertige Breie eigentümliche Veränderungen erfuhren. Die Masse quoll auf, sie durchsetzte sich mit Blasen und nahm schließlich einen säuerlichen Geschmack an. Es war also eine Gärung eingetreten, die den Teig so umgestaltete, daß auch das daraus hergestellte Gebäck ein anderes Aussehen und einen andern Geschmack als die Fladen bekam.

Diese Beobachtung war sehr belangreich, denn sie gab auf der einen Seite den Schlüssel zur Bereitung der Sauerbrote, auf der andern Seite führte sie zur Herstellung der alkoholischen Getränke. Als Zeugnis für die weitere Entwicklung in dieser Richtung dürften die bei den Babyloniern etwa 2900 v.Chr. gefertigten „Bierbrote" anzusehen sein, die aus dem Gärmaterial bei der Bierbrauerei erbacken wurden.

Bis dahin blieb es freilich beim alten, da die grob geschroteten Körner der Wildgräser keinen geeigneten Teig lieferten. Das Stampfen im Mörser genügte nicht zu ausreichender Zerkleinerung, und so bedeutete es schon einen großen Fortschritt, als die Mahlsteine aufkamen, auf denen mittels „Läufer" (ein aufliegender flacher Stein) die Körner zerrieben wurden. Schon die Steinzeit weiß von jenen primitiven Mahlwerkzeugen zu erzählen und Tausende von Jahren mögen darüber hingegangen sein, ehe man sich der schon viel vervollkommneteren Handmühlen bediente. Sie bestanden ebenfalls aus zwei flachen, horizontalen Steinen, waren aber in Behälter eingebaut und es wurde durch bestimmte Einstellung der Steine und Riffelungen, z. T. auch durch automatische Regelung des Ganges ein viel höherer Feinheitsgrad des Mahlgutes ermöglicht.

Wann sie die Mahlsteine ablösten, ist in Dunkel gehüllt, man darf aber aus den historischen Befunden ableiten, daß sie den

Ägyptern, Griechen und Römern längst bekannt waren, denn bei den Römern wenigstens hatte sich eine hochentwickelte Mahltechnik bereits herausgebildet. Bei diesen Handmühlen ist es dann in der Folgezeit im wesentlichen geblieben, bis erst etwa um das Jahr 1860 die Walzenstühle sich Eingang verschafften und eine vollständige Umwälzung in der Mahltechnik hervorbrachten.

So kannte man also in früherer Zeit zwar schon den „Sauer", man hatte auch feingemahlene Mehle, und trotzdem mußten die Erfolge in der Herstellung eines guten Brotes nur sehr mäßige bleiben, da die Körnerfrüchte der Wildgemüse und der Breipflanzen, die allenthalben noch verwandt wurden, keinen bindenden Teig gaben. Es mangelte ihm die aus Gliadin und Glutenin zusammengesetzte wundervolle Substanz des Klebers, den der Roggen und vornehmlich der Weizen in reichem Maße enthält, der aber in den wohl zu Breien sehr geeigneten Gräsern, Hafer, Buchweizen, Gerste, Reis und Mais gar nicht oder nur spärlich vorhanden ist.

Damit drängte denn die Sachlage allmählich dazu, dem bisherigen Anbau der Breipflanzen eine andere Richtung zu geben, und zwar insofern, als man zugunsten der kleberhaltigen Getreidearten dem Hackbau, der im wesentlichen die Breipflanzen hervorbrachte, den Rücken kehrte und sich mehr dem Ackerbau zuwandte. Dieser Umschwung nahm aber jedenfalls sehr geraume Zeit in Anspruch. Die ganz alten Völker kannten Roggen und Weizen wohl noch nicht. Erst von Griechen und Römern hören wir, daß sie diese Getreidearten anbauten. Roggen schätzten sie jedoch nicht, und auch die Gerste galt nur als die Frucht für die Sklaven.

Wenn, wie oben bemerkt wurde, die Römer bereits ein dem unsern ähnliches, wenn auch schwereres Brot zu backen gelernt hatten, so war das nur möglich unter Verwendung eines wirklichen Backofens, d. h. einer Vorrichtung, in der der Teig noch steigen und sich in der eigenen Wasserdampfhülle lockern konnte. Derartige Backöfen haben sich auch wieder erst in unendlich langen Perioden herausentwickelt aus dem Backtopf, einer Art flacher Glocke, die man über das Gebäck setzte und die zur Fladenzeit schon bekannt war. Sie schritt in ihrer Vervollkommnung, je weiter man sich von der einfachen Röstung der Fladen auf dem Rost entfernte, immer mehr vorwärts, bis sie in der klassischen Zeit im „Kuppelofen" bereits eine hohe Stufe erreicht hatte.

Merkwürdigerweise sind fast alle müllerei- und backtechnischen Errungenschaften, die sich bei den Römern vorfanden, in der nachrömischen Zeit verlorengegangen. Man stand wieder auf der Entwicklungsstufe, die weit zurücklag, und so nimmt es nicht wunder, daß im frühesten Mittelalter auch in Deutschland noch ein sehr schlechtes Brot aus Pferdebohnen, Buchweizen, Gries, Gerste und Hafer gebacken wurde.

Eine gewisse Verbesserung erfuhr die Brotbereitung durch Einführung des Mengekorns, das im Mittelalter in den europäischen Ländern angebaut wurde. Es bestand aus Spelz, Weizen und Roggen, bald war es aus Hafer oder Gerste und Weizen und Roggen gemischt. Infolge des Gehaltes an Roggen und Weizen hatte es zweifellos manche Vorzüge, konnte aber kein gleichmäßiges Gebäck geben, da wegen der verschiedenen Mischungsverhältnisse einmal der dunklere, das andere Mal der hellere Anteil überwog. So führte der Weg durch geeignete Auslese schließlich zu verschiedenen Brotarten, von denen im 12. Jahrhundert ein ausgesprochenes Weißbrot und Schwarzbrot bekannt sind. Daneben lebte aber in Deutschland noch das Gersten- und Haferbrot aus ganz grobgemahlenem Material und ebenfalls ein aus Kleie hergestelltes „Hundsbrot" weiter.

Die Folgezeit hielt an diesen Unterschieden fest, das Menge- oder Mischkorn trat allmählich zurück und machte dem Anbau des Einheitskornes, nämlich dem Weizen und Roggen mehr und mehr Platz, jedoch nur insoweit, als es die geographische Lage gestattete. Da der Weizen in den nördlichen und nordöstlichen Gegenden sein Fortkommen nicht so findet, wie in den südlichen und südwestlichen Ländern, so vollzog sich die Scheidung in dem Sinne, wie wir sie auch heute noch antreffen, d. h.: Die Romanen, Schweizer und Süddeutschen pflegten in erster Linie den Weizenbau und bevorzugten das Weizenbrot, die Norddeutschen, Skandinavier und östlichen Völker huldigten dem Roggenbau und nahmen mit Schwarzbrot im wesentlichen vorlieb. England bildete als nördliches Gebiet insofern eine Ausnahme, als es schon frühzeitig — sicher schon im 14. Jahrhundert — dem Weizenbrot den Vorzug gab.

Ein Zurückgreifen auf die weniger backfähigen Getreidearten hatte aufgehört, aber es galt doch noch, um zur Qualität des heutigen Brotes zu gelangen, manche Schwierigkeiten zu überwinden. Je mehr der Gebrauch des Brotes zunahm, desto größere Ansprüche stellte man an dasselbe. Es war dem Wohlhabenden nicht mehr fein genug, und so mußte sich die Mahltechnik schließlich auf den Geschmack einstellen.

Bisher hatte sich der Handmühlenbetrieb bis zur „Flachmüllerei" entwickelt, einem Verfahren, bei dem das Getreidekorn mit allen Schalen vollkommen zermahlen und dann erst durch Siebe in feinere Sorten zerlegt wird. Das genügte zwar für die Roggenmehle, aber anscheinend nicht für die Weizenmehle, denn man war schon im 16. Jahrhundert in Frankreich zur Beutelung des Mehles übergegangen.

Da brachte die Einführung der „Hochmüllerei" etwa im Jahre 1670 einen ungeahnten Aufschwung. Es gelang, auf geriffeltem Stahl- oder Porzellanwalzen den Mehlkern von den Schalen einwandfrei zu trennen und damit den weitgehendsten Anforderungen, die man an ein feines Weizenmehl stellen konnte, zu genügen.

Beim Roggengetreide machte sich aber der Fortschritt nicht bemerkbar. Sei es, daß der Roggen sich in gleicher Weise zur Feinvermahlung nicht so eignete wie das Weizenkorn, sei es, daß man dem Roggenbrot nicht das Interesse entgegenbrachte wie dem Weizenbrot, kurz, es zeigte sich die Tatsache, daß das Roggenbrot in seiner ursprünglichen groben Art fortbestand.

Als typisches Beispiel gelten für alle Zeiten das Soldatenbrot ältern Datums bei allen Militärnationen und die noch in vielen Gegenden üblichen Brote aus ganzem Korn.

Der letzte Hebel, der hier zur Verbesserung angesetzt werden mußte, lag nicht mehr auf müllereitechnischem, sondern auf wirtschaftlich-physiologischem Gebiet. Bisher hatte noch niemand danach gefragt, ob grobes oder feines Brot für die Ernährung zweckmäßiger sei, noch niemand, ob die Schalen des Getreides im Brot nur Ballast oder ein wichtiger Begleitstoff wären. Der Anstoß ging von französischer Seite aus, wo man noch im Jahre 1794 trotz eines hundertjährigen Gebrauches von feinstem Mehle Kommißbrot aus Ganzkorn herstellte. Parmentier hatte zwar schon 1776 erklärt, daß die Hüllen und holzigen Teile des Kornes nicht nahrhaft seien und gegen Ende desselben Jahrhunderts erreicht, daß dem Soldatenbrotmehl 10% Kleie entzogen wurden. Aber wissenschaftlich war seine Ansicht noch nicht begründet. Es bedurfte dazu experimenteller Untersuchungen über den Stoffwechsel im Menschen, die in den letzten Jahrzehnten des vorigen Jahrhunderts und bis in die neueste Zeit hinein, besonders von deutschen Forschern, in großem Maßstabe angestellt worden sind und die Anschauungen auf eine feste wissenschaftliche Basis gestellt haben. Eine große Reihe wichtiger Tatsachen, über die die folgenden Zeilen unterrichten sollen, sind geklärt worden und haben das Verständnis für die Brot- und Ernährungsfrage stark gefördert, vieles bleibt aber auch noch zu tun übrig.

II. Das Brotgetreide.

1. Anbau und Verbrauch des Getreides.

Will man den Begriff des Brotgetreides weit fassen, so würden alle jenen Arten hinzuzurechnen sein, deren Körner zur Mehlbereitung Verwendung finden können, also neben dem Roggen und dem Weizen auch der Hafer und die Gerste, der Reis und der Mais u. a. Im landläufigen Sinne spricht man aber nur den Roggen und den Weizen als Brotgetreide an, da diese beiden Pflanzen der Brotbereitung in erster Linie dienen. Zwar wird, wie die skandinavischen Länder beweisen, Brot auch aus Hafer und Gerste hergestellt, doch fehlen den Mehlen die wertvollen backtechnischen Eigenschaften.

Der Mais, der Reis und die stärkehaltigen Früchte, Samen und Knollen anderer Pflanzen, wie Kartoffeln, Buchweizen, Bohnen, Erbsen, Kastanien usw. nehmen eine andere Stellung ein. Sie dienten wohl als Streckmittel des Brotes in der Zeit der Not, zu alleiniger Verarbeitung zu Brot sind sie jedoch ungeeignet.

Als Ursprungsland des Weizens und des Roggens dürfte der Orient bzw. Asien anzunehmen sein. Dort finden sich noch Wildgräser, aus denen unsere Rassen hervorgegangen sind. Die Kultivierung vollzog sich aber schon vor Tausenden von Jahren, denn die Chinesen betätigten sich im Weizenbau, bekannt ist auch die hohe Weizenkultur der Ägypter, und die Pfahlbauten in Europa geben ebenfalls Kunde von einer vorgeschrittenen Pflege der Getreideanpflanzung. Der Roggen scheint uns von den slavischen Völkern übermittelt worden zu sein.

Wie nicht anders zu erwarten war, bildeten sich im Laufe der Zeit durch die Kultivierung vielerlei Arten heraus, die auch heute noch hier und dort angebaut werden. Beim Roggen ist aber im wesentlichen nur eine Art geblieben und zwar Secale cereale, der gewöhnliche Saatroggen mit seinen Varietäten.

Der Weizen ist bei weitem vielgestaltiger. Innerhalb der Hauptrasse des verbreiteten Triticum vulgare findet sich der in Deutschland mit seinen Abarten zumeist angebaute Kolbenweizen und der Grannenweizen, der aber mehr Pflege in Ungarn und Rußland findet.

Außerdem gelangt noch besonders in Süddeutschland zur Verwendung: Triticium spelta, der Spelzweizen oder Dinkel, Triticium dicoccum, der Emmer und Triticum monococcum, das Einkorn, allerdings nur in geringem Umfange.

Von der Modifikation des Weizens als Sommer- und Winterfrucht, die in gewisser Weise voneinander abweichen, wird der Winterweizen bevorzugt. Vom Roggen gibt es bei uns fast nur Wintergetreide.

Wiewohl der Roggen und der Weizen relativ leicht züchtbar und auch die Anpassungsfähigkeit an Boden und Klima weitgehend ist, so eignen sich die deutschen Verhältnisse besonders wegen des rauheren Klimas doch weniger für den Weizen als für den Roggen. Die Folge davon ist, daß mehr Roggen wie Weizen gebaut wird. Der Roggenanteil genügt für die Bevölkerung, es wird sogar noch ein Überschuß zur Ausfuhr erübrigt. Die Weizenmenge reicht aber nicht aus, sondern dieses Getreide muß noch eingeführt werden. Wahrscheinlich würde aber auch der Weizen in genügender Menge zur Verfügung stehen, wenn nicht der Verbrauch desselben in Deutschland über das normale Maß hinaus zugenommen hätte.

Die Statistik beweist, daß noch vor wenigen Jahrzehnten die Einfuhr von Weizen nicht halb so hoch war wie am Anfang des Krieges. Zwar werden die Zahlen auch durch die damalige Bevölkerungszunahme beeinflußt, aber den Hauptgrund bildet doch die große Nachfrage nach Weizenbrot und Weizenbackwerk.

Zu Beginn der deutschen Reichsstatistik betrug im Jahre:

1878 die Einfuhr an Weizen 1 054 262 t

1899 ,, ,, ,, ,, 1 370 851 t

1912 ,, ,, ,, ,, 2 297 422 t

Die Ausfuhr ging von 787 070 t im Jahre 1878 auf 322 590 t im Jahre 1912 zurück.

Die Einfuhr an Roggen betrug:

1878 . . . . 942 912 t

1891 . . . . 561 251 t

1912 . . . . 315 724 t

Dagegen stieg die Ausfuhr an Roggen von 196 244 t im Jahre 1878 auf 293 820 t im Jahre 1899 und auf 797 317 t im Jahre 1912.

Roggen wurde am Anfange des Krieges fast soviel ausgeführt, wie vor 40 Jahren eingeführt wurde, und vor 4 Jahrzehnten wurde fast so wenig ausgeführt, wie jetzt eingeführt wird. Die Zahlen der Einfuhr und Ausfuhr während einer relativ kurzen Spanne Zeit haben sich demnach im umgekehrten Verhältnis entwickelt.

Die Weizeneinfuhr stieg innerhalb von 40 Jahren auf mehr als die Hälfte. Der Roggenverbrauch ging also immer mehr zurück, wogegen der Weizenverbrauch auf Kosten des Roggens eine immer größere Zunahme erfuhr.

Nationalökonomisch richtiger wäre es für Deutschland freilich, wenn sich der Getreideverbrauch der inländischen Produktion, die für Weizen etwa ein Drittel des angebauten Roggens beträgt, anpassen könnte. Der Ernteertrag beträgt nach Elzbacher für Roggen 11 910 342 t und für Weizen nur 4 508 290 t, also fast dreimal weniger.

Betrachtet man die Gesamternte in Deutschland an Getreide inklusiv Spelz, Gerste und Hafer und zieht den Anteil, der für Viehfutter und technische Zwecke verlorengeht, ab, so bleiben noch, wie die Elzbacherschen Zahlen zeigen, 13 144 941 t für die menschliche Ernährung verfügbar.

Getreide	Ernteertrag t.	Für Viehfutter und gewerbliche Zwecke t.	Zur menschlichen Ernährung verfügbar t.
Roggen	11 910 342	2 708 085	8 124 253
Weizen	4 508 290	417 384	3 756 460
Spelz	423 976	37 014	333 122
Gerste	3 647 377	2 889 743	509 955
Hafer	9 117 074	7 990 474	420 551
			13 144 941

Es entfällt demnach pro Jahr auf den Kopf der Bevölkerung (zu 66 Millionen gerechnet) 398 Pfund Getreide.

Da nach statistischen Berechnungen 360 Pfund Brotgetreide pro Kopf als ausreichend angesehen werden, so bleiben sogar noch 38 Pfund also im ganzen 1 209 000 t übrig.

Faßt man aber auch nur den Roggen und Weizen, ohne Spelz, Hafer und Gerste ins Auge, so reicht auch dann noch die vorhandene Menge aus, indem genau 360 Pfund auf den Kopf der Bevölkerung entfallen.

Eine Ausfuhr an Roggen und eine Einfuhr an Weizen müßte demnach sehr unwirtschaftlich erscheinen, vorausgesetzt, daß das Volk mit dem vorhandenen Weizen hauszuhalten verstände.

2. Die Bestandteile des Getreides und die chemische Zusammensetzung.

Die Blütenstände der Getreidepflanzen, in denen sich die Körner entwickeln, nennt man beim Roggen, beim Weizen und bei der Gerste Ähren, beim Reis, Hafer und Hirse Rispen.

Das einzelne Korn ist im botanischen Sinne kein Samen, wie die gewöhnliche Bezeichnung lautet, sondern eine sog. Schließfrucht, also eine wirkliche Frucht, bei der die Fruchtschale aber nicht wie bei andern Früchten, z. B. bei Nüssen, aufspringt, sondern am Samen fest haften bleibt.

Die Schale des Getreidekorns ist die umgewandelte Fruchtknotenwand und wird auch Rinde, Hülle oder Hülse genannt. Im Innern des Kornes liegt der eigentliche Samen, das Endosperm mit dem Keimling (Embryo). Beide sind umschlossen von der Samenschale (Samenhaut), die ihrerseits wieder mit der Fruchtschale verwachsen ist.

Die grob angedeutete Schichtung des Kornes (siehe nebenstehendes Bild) zerfällt in mehrere dünne Lagen, die mit der Lupe oder dem Mikroskop leicht zu erkennen sind. Von außen nach innen folgt, wenn man das Korn quer durchschneidet:

1. Die Fruchtschale, bestehend aus Oberhaut (Epidermis), Mittelschicht (Längszellen), Querzellenschicht und Schlauchschicht. Daran schließt sich an:

2. Die Samenschale aus einer Farbstoffschicht und einer durchsichtigen (hyalinen) Membran, und darunter liegt

3. Der Mehlkörper, das Endosperm, mit der aus fast quadratischen, starkwandigen und harten Zellen bestehenden sog. Kleberschicht (Aleuronschicht) und dem Mehlkorn.

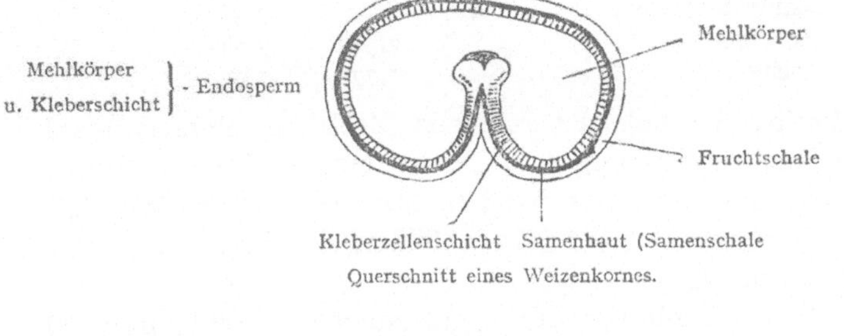

Querschnitt eines Weizenkornes.

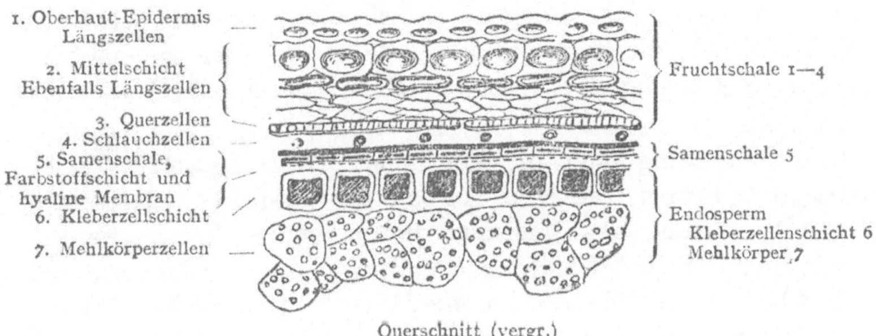

Querschnitt (vergr.)

Die Kenntnis der verschiedenen Schichten ist in sofern von hoher Bedeutung, als in ihnen einmal die Stoffe aufgespeichert liegen, die uns das Getreide so wertvoll machen und anderseits, weil die äußern Hüllen zu den Bestandteilen gehören, die das Aussehen und die Güte des Brotes beeinflussen.

Diese letztern bestehen zum größten Teil aus einer holzigen Substanz, der Zellulose, die wohl einige Tierarten ausgezeichnet verdauen können, zu deren Verwertung der menschliche Organismus aber nur in sehr bescheidenem Maße befähigt ist. Von diesem Gesichtspunkte aus sind die Frucht- und Samenschalen im Mehle nicht erwünscht.

Ihre Menge beträgt, wie untenstehende Tabelle ergibt, etwa 2—3% des Getreides.

Im ausgereiften Zustande enthält:

	Der Weizen	Der Roggen
Wasser	13,37	13,72
Stickstoffsubstanz	12,03	10,58
Fett	1,85	1,42
Kohlenhydrate	68,67	69,34
Rohfaser	2,31	3,00
Asche	1,77	1,94

Der Einfluß der holzigen Substanz (Zellulose, Rohfaser) auf das Brot, ihre Ausnützung und Bewertung, wird weiter unten noch eingehender behandelt werden, hier sei nur erwähnt, daß sie einen wichtigen Teil der Kleie bildet, die dem Brot seinen Charakter aufprägt.

Ganz ähnliches gilt von der eigentümlichen, direkt unter der Frucht- und Samenschale liegenden Zellschicht, der sog. Kleberzellenschicht, die beim Mahlen auch in die Kleie hineingerät und ihrerseits wieder den Wert der Kleie herabmindern oder erhöhen hilft.

Ihre Bedeutung liegt in dem hohen Eiweißgehalt, jener wichtigen Substanz, die zum Aufbau der Pflanzen, ebenso wie für die Ernährung des Menschen unumgänglich notwendig ist.

Das Eiweiß findet sich an drei Stellen im Getreidekorn vor.

1. Als echter Kleber im Mehlkörper, d. h. in der Stärkezellenschicht (Mehlzellen). Dort sind die Stärkekörnchen von den Kleberkörnchen (Aleuronatkörnchen) umgeben bzw. mit diesen vermischt. Es gelingt leicht, diesen echten Kleber aus dem Mehle zu isolieren, wenn man das reine Weizenmehl aus dem Mehlkörper mit Wasser anrührt, in ein Säckchen bringt und unter der Wasserleitung die Stärke auswäscht. Solcher Kleber wird im menschlichen Organismus leicht verdaut und ist als reines Pflanzeneiweiß = plasmatisches Eiweiß = Aleuronat anzusehen.

2. Als sog. Kleber = Kleieeiweiß = Kleberzelleneiweiß = Kleiestickstoff = Aleuron in den sog. Kleberzellen, die die sog. Kleberschicht bilden. Diese Eiweißsubstanz ist in die schon genannten starkwandigen, harten Zellen eingebettet und scheint

sich chemisch und physiologisch anders als der echte Kleber zu verhalten.

3. Als echtes Pflanzeneiweiß im Keimling. Es sind darin 41% enthalten.

Insgesamt finden sich im Weizen 12,03%, im Roggen 10,58% Eiweiß, letzterer ist also etwas eiweißärmer.

Der echte Kleber setzt sich aus zwei verschiedenen Substanzen zusammen, dem Gliadin, welches sich nicht im Wasser, wohl aber in Säuren und Alkalien und in 70% Alkohol löst und dem Glutenin, daß weder vom Wasser noch vom 70% Alkohol, aber von Säuren und Alkalien gelöst wird.

Beide Substanzen geben dem Mehle die Backfähigkeit und wo sie fehlen oder nur zum Teil oder nicht im richtigen Mischungsverhältnisse vorhanden sind, entsteht kein bindender Teig, wie es z. B. beim Mais, Reis, Gerste und Hafer der Fall ist.

Der echte Kleber und das Eiweiß des Keimlings sind vollkommen verdaulich, das Kleberzelleneiweiß aller Wahrscheinlichkeit nach auch, doch setzen die dasselbe umschließenden starkwandigen Zellen den Verdauungssäften erhebliche Schwierigkeiten entgegen.

Den Hauptanteil des Kornes bildet der Mehlkörper. Er besteht im wesentlichen aus der in einzelne Zellen eingeschlossenen Stärke, den sog. Kohlenhydraten und dem darin fein verteilten echten Kleber. Die Stärke beträgt 68,67% beim Weizen und 69,34% beim Roggen. Ein so hoher Mehlgehalt, wie ihn keine andere Pflanze darbietet, mußte geradezu zum Anbau dieser Getreidearten auffordern, und so ist auch der Weizen und der Roggen die erste und beste Mehlquelle für die menschliche Ernährung geworden und geblieben. Im Organismus wird die Stärke restlos verwertet.

Verhältnismäßig wenig findet sich Fett in den Körnern. Beim Weizen sind nur 1,85 und beim Roggen 1,24% davon vorhanden. Am meisten enthält der Keimling, nämlich 14,4% des Gesamtfettes, und demnächst die Kleberzellen. Der Fettgehalt führt bei längerm Lagern zum Ranzigwerden, weshalb die Bestrebungen, beim Mahlprozeß den Keimling zu entfernen, praktischen Interessen durchaus entsprechen.

Von besonderer Wichtigkeit ist der Wassergehalt der Körner. Vor der Reife der Pflanze steckt noch 72—75% Wasser darin, das milchreife Korn enthält 50%. Beim Ernten des Getreides ist der Gehalt auf 30% gesunken und sinkt während der Nachreife auf dem Felde weiter bis 18% und tiefer. Für die Vermahlung sollen die Körner 15—16% im Maximum enthalten. Allerdings machen sich in den einzelnen Jahren und je nach der Feuchtigkeit während der Ernteperiode große Verschiedenheiten bemerkbar, die, wenn der Wassergehalt bis 18, 19 oder 20% steigt, auf die Lagerfähigkeit, die Mehlbereitung und die Backfähigkeit einen ungünstigen Einfluß ausüben können. Daher ist der Trocknung des Getreides die höchste Aufmerksamkeit zu schenken, damit ein Durchschnittsgehalt von etwa 12—14% gewährleistet wird.

Verwandelt man die Körner durch Verbrennen und Glühen zu Asche, so bleibt beim Weizen ein Rest von 1,77%, beim Roggen 1,94%. Dieser entspricht den Salzen, die in anorganischer und organischer Verbindung der Pflanze zum Aufbau zur Verfügung stehen. Am meisten herrschen phosphorsaure Verbindungen vor, bis zu 40—50% des Gesamtsalzgehaltes. Relativ arm sind die Körner an Kalk (nur 2—6%), dagegen reicher an Magnesia. Inwieweit die Mineralsalze, die auch in den Schalenteilen angehäuft sind, im menschlichen Stoffumsatz Verwendung finden, steht noch nicht ganz fest, wiewohl schon viel Gereimtes und Ungereimtes darüber geschrieben worden ist.

Endlich mag noch darauf hingewiesen werden, daß in der Rinde des Getreidekornes Stoffe vorhanden sind, deren Wesen und Bedeutung wir zwar bisher nicht ganz übersehen, die aber doch für das Leben eine wichtige Rolle zu erfüllen scheinen. Man nennt sie vorläufig Ergänzungsstoffe oder Vitamine.

3. Der Reinigungs- und Mahlprozeß des Brotgetreides.

Die Reinigung des Getreides muß schon bei der Ernte ihren Anfang nehmen und bis zum Beginn der Vermahlung so vollkommen durchgeführt sein, daß jede Beimengung ausgeschaltet ist, denn später gelingt es nicht mehr, die Verunreinigungen aus dem Mehle zu entfernen.

Abgesehen von den ganz groben Beimengungen, wie Stroh, Eisenteilen, Sand, Sackteilchen, Erde, handelt es sich im wesentlichen um Unkrautsamen, sog. „Raden" und „Wicken", unter denen sehr häufig die Samen des Knöterichs, der Ackerwinde, des Rittersporns, des Ackersenfs und anderer Kreuzblütler, der Kornblume, des Mohns, der Skabiose, verschiedener ölhaltiger Samen, wie des Lauchs, wilder Gräser, Trespe usw. zu finden sind.

In gesundheitlicher Beziehung spielen diese aber nicht die Hauptrolle. Viel wichtiger sind das Mutterkorn, die Kornrade, der Taumellolch, der Wachtelweizen, die Erkrankungen beim Menschen hervorzurufen imstande sind, und auch Brandsporen, Schimmelpilze, durch „Gichtkrankheit" veränderte Körner, Weizenälchen, Kornwürmer, Mäusekot und ausgewachsenes Getreide dürfen nicht als harmlos bezeichnet werden. Ebenso ist der „Bruch", d. h. halbzertrümmerte Körner, unerwünscht, weil Bakterien und Gärungserreger aller Art in die verletzten Stellen einwandern können.

Dank der modernen Vorrichtungen gelingt die Reinigung des Getreides in sehr befriedigender Weise. Man beginnt mit der Vorreinigung, indem mittels „Stauber" und „Aspirator" die oben erwähnten groben Bestandteile entfernt werden; der Magnet zieht die Eisenteile, Nägel usw. heraus, und im Samenausleser oder „Trieur" werden die Unkrautsamen herausgelesen.

Bei der Hauptreinigung sollen noch die äußerste harte Hülle, der Keimling, alsdann das „Bärtchen" und die zellulosereichen Spitzchen beseitigt werden. Dazu dient der „Spitzgang", die althergebrachte Anordnung zweier horizontaler Steine, des feststehenden „Bodensteines" und dem darauf befindlichen „Läufer", wie es bei der Roggenmüllerei noch gang und gäbe und auch für diese länglichen Körner am zweckmäßigsten ist. Beim rundlichen Weizen wählt man lieber die „Schälmaschine", in welcher das Getreide mittels einer Schlagvorrichtung gegen eine Schmiergelplatte geworfen wird und dabei eine allseitige Abschleifung erfährt. Schließlich nehmen Bürstenmaschinen und der Durchlüftungsapparat noch den letzten Rest von Staub hinweg.

Die Reinigung des Getreides kann aber auch auf nassem Wege geschehen. Die Anwendung dieser Methode ist insofern vorteilhaft, als durch den gründlichen Waschprozeß alle Unreinlichkeiten entfernt werden und in den Schleudermaschinen, denen das Getreide alsdann zugeführt wird, auch die harten

Hülsen sich lösen. Da das Getreide aber vor der Vermahlung wieder getrocknet werden muß, verteuert sich das Verfahren.

Nach diesen Reinigungsprozessen sind die Vorbedingungen für die Herstellung eines einwandfreien Mehles erfüllt.

Allerdings hat die Müllereitechnik noch manche Schwierigkeit zu überwinden, ehe das Mehl von entsprechender Güte fertiggestellt ist. Das liegt zunächst daran, daß das Korn nicht aus einer gleichmäßigen Masse besteht, die beim Mahlen einfach in Pulver zerfällt. Manche Teile, wie die Hüllen und auch die Kleberzellenschicht sind sehr zäh, andere Teile, z. B. der Keimling haben ein weiches Gefüge, und nur der Mehlkörper selbst ist von passender, krümeliger Beschaffenheit, so daß er eine direkte Zerstäubung erlaubt.

Weiterhin wünscht man bekanntlich nur in den seltensten Fällen ein Einheitsmehl aus allen Schichten des Kornes, sondern Abstufungen in Feinheitsgraden und in der Farbe, die sich nur durch sachgemäße Trennung ermöglichen lassen. Und endlich erfordert auch die wissenschaftliche Erkenntnis, daß aus dem Mehle diejenigen Teile für die menschliche Ernährung herausgeholt werden, die für sie am zweckmäßigsten sind.

Da die Körnerschichten aber miteinander in engster Beziehung stehen, d. h. gleichsam miteinander verwachsen sind, so ist es technisch unmöglich, sie absolut genau von einander zu trennen und es muß als befriedigend gelten, wenn durch geeignete Maßnahmen das Mehl von den Hüllen wenigstens bis zu einem gewissen hohen Grade abgesondert werden kann. Aber auch dann bleiben stets Mehlteilchen an den Schalen haften, wie anderseits auch Spuren von Schalenteilen im feinsten Mehle wiederzufinden sind.

Der Mühlenbetrieb und die Mehlgewinnung hat sich in den modernen Mühlen zu einem äußerst komplizierten Mechanismus ausgebaut, trotzdem findet sich aber daneben auch noch die alte primitive Methode der Mühlsteine, wovon das sandige Roggenbrot auf dem Lande vielfach Zeugnis ablegt.

Der alte „Mahlgang" ist also noch nicht verschwunden.

In fast allen größeren Betrieben hat ihn aber der Walzenstuhl abgelöst, ein System von doppelten Walzen aus Gußstahl oder Porzellan, die geriffelt sind und sich entgegengesetzt zueinander und auch mit verschiedenen Geschwindigkeiten drehen.

Während auf dem „Mahlgange" bei eng aneinander gehaltenen Steinen das Korn gleich von Anfang an sehr stark zerkleinert wird und die holzigen Schalenbestandteile erst aus dem mehr oder weniger fein gemahlenen grauen Mehle durch Siebe entfernt werden müssen (was aber nicht vollkommen gelingt), erzielt man durch geeignetes Auseinanderrücken der Walzen zunächst eine mehr bröckelige Zerteilung des Kornes. Das Produkt sind die „Schrote" und die „Grieße". Von ihnen lassen sich die Schalenteilchen leichter entfernen und sie liefern bei weiterer Zerkleinerung alle Abstufungen des Mehles sowohl im Feinheitsgrad wie in der Farbe.

Man bezeichnet dieses Verfahren im Hinblick auf die Stellung der Steine bzw. Walzen im Gegensatz zur Flachmüllerei als Hoch- und Grießmüllerei.

Neben den Walzenstühlen dienen auch sog. Schleudermühlen dazu, bereits gebrochenes Getreide weiter zu Mehl zu verarbeiten. Um feinste Auszugsmehle zu gewinnen, sind eine Reihe Siebvorrichtungen konstruiert worden, die unter dem Namen Sichtzylinder, Zentrifugalsichtmaschine oder Plansichter Anwendung finden. Es sind dies Apparate aus flachen, mit feinster Seidengaze bespannten Rahmen von verschiedener Durchgängigkeit.

III. Die Kleie und das Mehl.

Wie wir sahen, gelingt es der Müllereitechnik, den Mehlkern von den Hüllen und den holzigen Schalenteilen fast vollkommen zu trennen. Das Produkt ist das Mehl und die Kleie. Nach den Feststellungen von Kick enthält der lufttrockene Weizen 82% Mehlkern und 18% Kleie, unter der Annahme, daß der Keimling, die Kleberzellenschicht, die Frucht- und Samenschale als Kleie gerechnet wird. Es müßte also theoretisch aus dem Weizenkorn eine Ausbeute von 82% Weizenmehl erzielt werden können. Das ist aber nicht ganz möglich. Man zieht in der Praxis beim Weizen nur rund 75%, beim Roggen nur rund 65% weißes Mehl heraus, so daß ein Rest von 25% bzw. 35% übrig bleibt.

Die abfallende Kleie geht aber keineswegs verloren, sondern findet entweder als ausgezeichnetes Tierfutter Verwendung, oder dient dazu, die für die menschliche Ernährung bestimmte Mehlmenge zu strecken oder das weiße Mehl absichtlich dunkler zu machen. Hierzu wird entweder zu einem zu 75% ausgemahlenen Mehle eine bestimmte Menge „abgeschobene" Kleie wieder hinzugesetzt oder man beutet das Korn von vorneherein noch weiter, vielleicht bis 80, 85, 90, 95% aus, so daß nur noch ein Kleierest von 20, 15, 10, 5% übrig bleibt. Wie jeder weiß, enthalten alle unsere „Brot"mehle einen gewissen Teil „Kleie", und zwar in allen denkbaren Mengenverhältnissen, bis fast hinauf zum reinen „Vollmehl".

Da die Kleie zwar vom Tier gut verdaut wird, aber nicht vom menschlichen Organismus, so ist das Vermischen bzw. das Darinlassen der Kleie im Mehl vom ernährungsphysiologischen Standpunkt aus ein zweischneidiges Experiment und man muß sich vollständig darüber klar sein, in welcher Menge und in welcher Form die Kleie im Brotmehl erträglich erscheint und mit was für Substanzen wir es bei der „Kleie" überhaupt zu tun haben. Kein Begriff in der ganzen Brotfrage ist so dehnbar und so unsicher wie der der Kleie, keine Substanz solchem Wechsel der chemischen Zusammensetzung unterworfen, kein Getreideanteil so von der technischen Bearbeitung und äußeren Einflüssen abhängig, kein Mahlprodukt so verschieden beurteilt worden, wie die Kleie. Es ist daher begreiflich, daß schon seit mehr als hundert Jahren die Kleie bei der Bewertung des Brotes die größte Rolle gespielt hat und noch spielt.

Der Verband deutscher Müller gibt folgende Definition: „Kleie ist der wohlzerkleinerte Rückstand von Getreide handelsüblicher Beschaffenheit nach Wegnahme des Mehles und derjenigen Beimischungen, die für Tiere ungenießbar oder schädlich sind." —

Die Kleie besteht hiernach also müllereifachtechnisch aus allen Bestandteilen des Kornes unter Abzug des Mehles. Zu diesen Bestandteilen würden gehören: Fruchtschale, Samenschale, Kleberzellenschicht, Haare, das Bärtchen, pflanzliches Bindegewebe und der Keimling. Das Mehl soll zwar weggenommen sein, aber praktisch gibt es keine Kleie ohne Mehlbestandteile. Da weiterhin die Kleie der Rückstand von Getreide „handelsüblicher Beschaffenheit" ist, das Handelsgetreide je nach Ursprungsort, Lager, Ernte, Feuchtigkeit und Qualität aber stark variiert, so muß auch die Kleie verschieden ausfallen, wenn man zudem alle Möglichkeiten berücksichtigt, unter denen sie erhalten wird. Man denke nur z. B. an die Art des Zerkleinerungsprozesses des Kornes. Da wird dasselbe geschleudert, gestoßen, geschlagen, gequetscht, dann zerrieben, zertrümmert, gewalzt oder geschrotet, für manche Zwecke angefeuchtet oder gewaschen, gemälzt oder angekeimt, dann wieder getrocknet. Bei der Schälung verliert das Korn entweder nur die Fruchthaut oder auch die Samenhaut. Treibt man die „Dekortikation" noch weiter, dann geht auch die Kleberzellenschicht zum Teil oder gar ganz verloren; mit ihr vielleicht noch ein kleinerer Prozentsatz Mehlkörper. Auch der Keimling gerät absichtlich oder unabsichtlich in die Kleie.

Dabei ist noch gar nicht berücksichtigt, daß jeder Ausmahlungsgrad der Kleie einen andern Gehalt an Kleiebestandteilen und andere chemische Eigenschaften aufweist; denn es ist doch gewiß ein großer Unterschied, ob die Kleie z. B. nur aus 5% oder aus 20% Abfall besteht. Kurz, die Variationen bedingen stets ein anderes Produkt, was durch das Auge oder das Mikroskop und durch die chemische Analyse festgestellt werden kann.

Noch bedeutungsvoller müssen aber die Verschiedenheiten für die Verdaulichkeit der Kleie werden, wenn bei den Kleiesorten sich der Eiweiß-, Stärke- und Zellulosegehalt fortwährend verschiebt. Dann ist naturgemäß die Ausnutzung der Kleie bald besser, bald schlechter, je nachdem mehr oder weniger Stärke, mehr oder weniger Zellulose und mehr oder weniger Eiweiß darin vorhanden ist.

Definiert man dann die Kleie nach ernährungsphysiologischen Gesichtspunkten etwa wie Rubner, daß „sie ein Gemenge von nährenden Bestandteilen und Zellmembranen verschiedener Art sei, aber nicht einem einheitlichen Produkte entspreche", so wird man der Wirklichkeit näher kommen.

Um ein Beispiel der Zusammensetzung verschiedener „Kleiearten" zu geben, greife ich einige beliebige heraus:

	Wasser	Stickstoff-substanz	Fett	Stickstoff-freie Substanz	Roh-faser	Asche
Weizenkleie (20% Ausbeute) .	11,76	16,81	3,99	62,85	9,20	7,15
Roggenkleie (27% Ausbeute) .	10,90	17,94	3,72	68,56	4,80	4,98
Grieß- oder Grandkleie . . .	13,20	15,50	4,60	55,70	6,50	4,50
Schalenkleie	13,20	14,10	3,70	56,00	7,20	5,80
Keimlingskleie	15,40	28,60	10,30	37,30	3,10	5,30
Flugkleie	14,70	6,60	1,00	56,10	18,80	2,80
Mahlkleie (15% Roggenkleie-auszug)	8,70	13,38	2,91	54,58	13,81	6,62
Schälkleie	10,30	12,56	3,63	37,02	32,36	4,13

Hieraus ist ersichtlich, daß die Kleie im allgemeinen reich an Stickstoffsubstanz (Eiweiß) ist und auch einen hohen Prozentsatz stickstoffreie Stoffe (Kohlehydrate, Stärke) enthält. Wird das Korn für Mehl sehr weit ausgebeutet, dann steigen in der abfallenden Kleie die Rohfaser (Zellulose) und die Salze. Reichlich Fett ist nur in der Keimlingskleie vorhanden. Am wenigsten Fett und auch am wenigsten Stickstoffsubstanz weist die Flugkleie auf, da sie nur aus den äußersten Hüllen des Kornes besteht.

Die Unsicherheit, die sich in der Beurteilung der Kleie nach der ernährungsphysiologischen Seite geltend macht, trifft auch bis zu einem gewissen Grade beim Mehl zu. Vom Weizenmehl sind im Handel eine große Anzahl Mehltypen vorhanden, die eine sehr verschiedene Ausmahlung zeigen. Beim Roggen dagegen begnügt man sich mit einem Mehl mit 15—20% Kleieabschub oder mit dem üblichen „Brotmehl des Handels", einem bis 65 oder 70% gezogenen Vollmehl oder einem helleren Vordermehl. Während des Krieges wurde bekanntlich der Weizen, besonders aber der Roggen viel weiter ausgebeutet, so daß ein Weizenmehl von 85%, ein Roggenmehl von 94% Ausmahlung zur Anwendung kam.

Ebenso gestattet das aus diesen Mehlen erbackene Brot nicht ohne weiteres Rückschlüsse auf seinen Nährwert. Denn einmal ist in den Mehlen trotz gleicher Ausmahlung die Zellulose — oder besser der Zellmembrangehalt — (aus denselben Gründen wie bei der Kleie) in verschiedener Menge vorhanden, und dann werden mit den Handelsmehlen häufig Mischungen vorgenommen, wodurch sich die Anteile an der Kleie wesentlich verändern. Zudem können die Müller für die Richtigkeit der angegebenen Mehlausbeute vielfach nicht einstehen.

Das hat, abgesehen von der Schwierigkeit, die Kleie restlos vom Mehle abzusondern, darin seinen Grund, daß die Auffassungen über Mahlschwund, Verstaubung und Entschälung bei den Fachleuten selbst sehr weit auseinandergehen und die Mahlverluste sehr verschieden berechnet werden.

Nach amtlicher Festsetzung soll der „Mahlschwund" 3% betragen. Was aber unter dem Begriff „Mahlschwund" zu verstehen ist, darüber herrscht offenbar keine Einigkeit. Bald wird der „Verstaubungsverlust" als Mahlschwund bezeichnet, bald der

Verstaubungsverlust nebst den Verunreinigungen wie Spreu, Radenabfälle, Putzmaschinenüberschläge, dazugerechnet, bald gilt der Mahlverlust = Mahlschwund oder gar die Schälkleie und die Keimlinge werden dem Mahlschwund beigezählt.

Dann überrascht es nicht, wenn, wie Proben aus der Praxis zeigten, der Prozentgehalt des „Mahlschwundes" 1%, 2%, 3%, ja bis 6% betrug. Bei sehr verunreinigten Getreiden, bei denen sogar 3—4% Unkrautsamen nachgewiesen wurden, würde dementsprechend der Mahlschwund noch bedeutend höher steigen.

Bei dieser Sachlage verwischen sich völlig die Begriffe und es ist ganz unklar, was man dann z. B. unter einem zu 94 oder 96% ausgemahlenem Mehle oder einem „Vollmehl" zu verstehen hat.

Zutreffende Anhaltspunkte könnte man nur erlangen, wenn das Getreide erst dann als mahlfertig angesprochen würde, wenn es von allen Unreinlichkeiten befreit, und wie Hueppe vorschlägt, um 3% Schälkleie, die doch für die menschliche Ernährung nicht in Frage kommt, vermindert würde. Ein solches Getreide könnte dann bis 100% ausgemahlen werden.

Solange aber die bisher übliche Praxis gehandhabt wird, und jeder Müller nach seiner eigenen Auffassung den Mahlschwund, den Mahlverlust, den Verstaubungsverlust und den Schälverlust behandelt, ist es nur zu begreiflich, daß die Untersuchungsergebnisse in Ausnützungs- und Stoffwechselversuchen über das Brot zu sehr ungleichmäßigen Resultaten führen müssen.

Die Güte und die Brauchbarkeit des Mehles beruhen auf seiner einwandfreien Beschaffenheit, sowohl nach der chemischen wie der physikalischen Seite. Vieles, was für das Getreide galt, ist auch für das Mehl zutreffend. Leider ist es nicht möglich, sich aus einer beliebigen Mehlprobe auf Grund der chemischen Analyse ein Bild über die Zusammensetzung aller Mehle zu machen, da jede Mehltype gleichsam ein Teilausschnitt aus dem Getreide darstellt, der infolge der mehr oder weniger holzigen oder mehligen Bestandteile immer wieder anders zusammengesetzt sein muß.

Wie variabel die Mehlprodukte in dieser Richtung sind, gibt nachstehende Tabelle (nach M. P. Neumann) wieder:

	Eiweiß	Fett	Stärke	Asche
Roggen:				
Ganzes Korn	11,61	1,88	60,33	1,95
Feinstes Mehl (0—30) . . .	6,70	0,69	81,53	0,46
Zweites Mehl (30—60) . . .	11,00	1,43	69,44	0,94
Drittes Mehl (60—65) . . .	14,47	2,29	60,27	1,74
Nachmehl (65—70)	16,58	2,71	55,40	2,09
Kleie (70—95)	17,58	3,62	20,49	4,83
Weizen:				
Ganzes Korn	15,49	2,29	66,25	1,92
Feinstes Mehl (0—30) . . .	13,24	1,14	79,29	0,49
Zweites Mehl (30—70) . . .	15,08	1,86	74,69	0,88
Drittes Mehl (70—75) . . .	19,36	4,04	61,13	2,36
Nachmehl (75—80)	20,25	4,63	47,18	3,32
Kleie (80—93)	17,34	5,26	15,65	6,71

Hieraus geht hervor, daß sowohl beim Roggen wie beim Weizen das Eiweiß, das Fett und der Mineralsalzgehalt um so geringer ist, je feinere Mehle vorliegen. Der Stärkegehalt dagegen steigt um so mehr. Das hängt damit zusammen, daß der im Innern des Kornes ruhende Mehlkörper zum größten Teile aus Kohlenhydraten besteht und in seiner Hauptmenge in das feine Mehl hineingelangt. Die Nachmehle, die bedeutend weniger feines Mehl enthalten, dafür schon größere Mengen der Kleberzellenschicht, sind kohlenhydratärmer, aber an Eiweiß, Fett und Mineralstoffen reicher.

Der Eiweißgehalt beträgt beim Roggen-Nachmehl das $2^1/_2$-fache des Roggenfeinmehles und beim Weizenmehl fast das Doppelte. Rein der Eiweißmenge nach zu urteilen, würde das Nachmehl danach bedeutend nahrhafter sein müssen als das Feinmehl, doch das wäre ein Trugschluß, da der menschliche Organismus, wie schon erwähnt, nicht imstande ist, aus den harten Kleberzellen das Eiweiß herauszulösen, wie es wünschenswert wäre.

Da sich in der Kleie alle an Eiweiß und Fett so reichen Kleberzellen, aber auch alle holzigen Teile finden, so steht sie im Fett- und Mineralsalzgehalt obenan.

Im übrigen mag hier noch erwähnt sein, daß das Weizenmehl in all seinen Abstufungen (erstes, zweites, drittes Mehl) bedeutend eiweißreicher ist als das Roggenmehl, auch der Fettgehalt ist höher, Punkte, die beim Vergleich zwischen beiden Mehlen zugunsten des Weizenmehles in die Wagschale fallen.

Der Wassergehalt hält sich bei allen normalen Mehlproben auf ziemlich gleicher Höhe. Für Roggenmehl soll er 15%, für Weizenmehl 16% nicht überschreiten. Jedenfalls ist es für das Mehl vorteilhafter, wenn sich der Wassergehalt um 12—14% herum bewegt. Steigt die Menge über 15 bzw. 16% hinaus, dann treten alsbald eine Reihe unliebsamer Erscheinungen auf, die in stofflichen Umsetzungen ihre Ursache haben. Das Mehl ballt sich dann leicht zusammen, die Teigfähigkeit erlischt und das Quellvermögen läßt nach. Das Mehl nimmt einen dumpfigen Geruch und bitteren Geschmack an, als Ausdruck für die Tätigkeit von Bakterien und Schimmelpilzen, die durch die erhöhte Feuchtigkeit zu neuer Lebensfähigkeit erwachen, sich schnell vermehren, die Eiweißkörper und Kohlenhydrate angreifen und zerstören. Ihre Stoffwechselprodukte machen das Mehl unapetitlich, zum Genuß untauglich und unter Umständen gefährlich. Ähnliches gilt bei **ungeeigneter Aufbewahrung** auch von den **Mehlmilben, Mehlwürmern, Mehlkäfern** und **anderen Schädlingen**, die zu großen Plagen führen können.

IV. Das Brot.

1. Vorbemerkungen über die Ernährung.

a) Zur Physiologie der Verdauung.

Die Verdauung der Nahrung spielt sich im **Munde**, dem **Magen** und dem **Darmkanal** ab, wobei die dort gelegenen drüsigen Organe lebhaft beteiligt sind. Schon im Munde werden die Speisen für die weitere Umsetzung vorbereitet, indem der **Speichel**, eine von den Speicheldrüsen in reichlicher Menge abgesonderte, alkalische, fadenziehende, geruch- und geschmacklose Flüssigkeit die Speisen durchdringt und sie für den Schluckakt geeignet macht.

Dabei wird die Stärke durch das **Ptyalin**, ein diastatisches Ferment, alsbald in dextrinartige Körper und in Zucker zerlegt. Notwendig ist für diesen Zweck eine genügende **Zerkleinerung** der **Speisen**, weshalb auch das alte Sprichwort: „Gut gekaut ist halb verdaut" Beachtung verdient. Eiweiß und Fettstoffe werden vom Speichel nicht verändert.

Umsetzungen des Eiweißes übernimmt in der Hauptsache der Magen mit Hilfe des überaus wirksamen Magensaftes. Letzterer ist im Gegensatz zum Speichel und zu andern Drüsensäften sauer und enthält etwa 0,5% Salzsäure, die aus den in den Nährstoffen noch vorhandenen Chloriden abgespalten wird. Außerdem beteiligen sich bei der Wirkung des Magensaftes noch zwei Fermente, das Pepsin und das Lab. Das Pepsin verwandelt die Eiweißkörper in Peptone, die dann löslich geworden, von den Schleimhäuten aufgesogen werden können; das Lab koaguliert das Milchkasein, welches ebenfalls durch Pepsin und Salzsäure in Pepton und Albumosen umgesetzt wird. Das Fett unterliegt im Magen keinen wesentlichen Veränderungen.

Im allgemeinen ist die Magenverdauung innerhalb 3—4 Stunden beendet. Sog. schwerverdauliche Körper, die der Einwirkung des Magensaftes länger widerstehen, verweilen oft 6—7 Stunden im Magen.

Was hier nicht umgesetzt wird, unterliegt im Darm der entgültigen Verdauung. Ist der Speisebrei in den Dünndarm eingetreten, so nimmt er alsbald durch Zufluß des Saftes aus der Bauchspeicheldrüse, den Darmdrüsen und der Galle eine alkalische Reaktion an.

Das Sekret der Bauchspeicheldrüse, der Pankreassaft, übernimmt mittels seiner 4 Fermente, dem Ptyalin, dem Trypsin, dem Erepsin und der Lipase die Spaltung der noch nicht verzuckerten Stärke in Maltose, die Umwandlung des Eiweiß in Pepton und weiterhin bis zu den Aminosäuren und die Zerlegung der Fette in Fettsäuren, die sich mit den Alkalien des Darmsaftes zu Seifen umbilden. Bei der Fettverdauung ist außerdem die Galle in starkem Maße beteiligt, die sich aus der Gallenblase in den oberen Abschnitt des Dünndarms, den Zwölffingerdarm ergießt.

Endlich wirken auch die in reichem Maße vorhandenen Darmdrüsen bei der Umsetzung der Stoffe mit, da die aus ihnen ausgeschiedene Flüssigkeit Eiweiß sowohl wie auch Kohlenhydrate auflöst.

In demselben Maße, wie die Drüsen ihre Säfte zur Verdauung abgeben, nehmen andere, besonders im Dünndarm vorhandene

Vorrichtungen die gelösten Stoffe auf, die dann auf dem Wege der Blut- und Lymphbahn in den Körper übergeführt und ins Gewebe abgelagert bzw. weiter verarbeitet werden.

Von der Menge des aufgenommenen Eiweißes im Organismus kann man sich leicht durch Untersuchung des Harnes (Stickstoffbestimmung) Kenntnis verschaffen, da die Eiweißkörper in einfachere Stickstoffverbindungen im Körper zerlegt werden und als Harnstoff bzw. Harnsäure im Urin erscheinen.

Die Umsetzung der Kohlenhydrate und des Fettes quantitativ nachzuweisen stößt auf größere Schwierigkeiten.

Nachdem im Dünndarm den Speiseresten die Hauptmenge der Nährstoffe entzogen ist, wandern sie infolge der Bewegungen (Peristaltik) des Darmes in den Dickdarm, um dort einen Teil ihres Wassers abzugeben. Die flüssige Darmmasse des Dünndarms formt sich zur festen Kotsäule im Dickdarm, wobei ihr aber immer noch ein Wassergehalt von 79—81% verbleibt.

Der Kot enthält die übriggebliebenen Reste der Nahrung: Schleim, Abbauprodukte des Eiweißes, Fett, Fettsäuren, Salze und unverdaute zellulosehaltige Stoffe, z. B. vom Brot die Hülse und die holzigen Bestandteile der Kleie. Das sind noch Nährstoffe genug, um im Dickdarm ein reiches Bakterienleben zu unterhalten.

Als Produkte dieser aëroben und anaëroben Mikroorganismen ergeben sich Kohlensäure und übelriechende Gase, aber auch infolge der Zellulosevergärung einige Körper, die vom Organismus noch nutzbringend verwertet werden können.

b) Der Nahrungsbedarf des Menschen.

Ebenso wie für die Pflanze und das Tier zum Leben und Wachsen Nahrungsstoffe notwendig sind, so verlangt auch der Mensch, um sich auf seinem Körpergewicht, seiner Körperwärme und Leistungsfähigkeit zu erhalten ,eine gewisse Menge Nahrung. Das Bedürfnis ist freilich ein verschieden großes. Jugendliche Personen beanspruchen relativ mehr Nahrung als Erwachsene, weil sie außerdem noch Stoffe zum Wachstum nötig haben. Frauen und alte Leute können sich wiederum mit geringeren Mengen im Gleichgewicht erhalten. Aber alle leben nur von dem, was sie zu sich nehmen. Wird dem Körper mehr gereicht, als er für seinen Bestand braucht, dann „setzt er an", d. h. er nimmt an Gewicht zu, entzieht man ihm einen Teil der nötigen Nahrung, dann verringert sich seine Körperfülle, da er das Fehlende seinem eigenen Organismus entnehmen muß.

Die tägliche Nahrung setzt sich aus Nahrungsmitteln zusammen, z. B. aus Fleisch, Brot und Gemüse. Die Nahrungsmittel bestehen aus Nahrungsstoffen, z. B. das Brot aus Wasser, Fett, Eiweiß, Stärke (Kohlenhydraten) und Salzen. Eine Nahrung würde aber trotz aller dieser vorhandenen lebenswichtigen Stoffe eintönig wirken, wenn man ihr nicht auch Reiz- und Genußmittel beigeben wollte. Sie sind es, die erst den Geschmack bedingen und neben dem Hunger die Triebfeder zum Essen darstellen. Ungesalzene und ungewürzte Speisen wirken auf die Dauer unerträglich. Auch Genußmittel, wie Kaffee, Tee, Alkohol, dürfen zu den Stoffen gerechnet werden, die — in mäßigen Mengen genommen — die Sekretion der Verdauungssäfte fördern und zur Nahrungsaufnahme anregen. Inwieweit die Ergänzungsstoffe (Vitamine) für die Nahrung Berücksichtigung verdienen, bedarf noch weiteren Studiums.

Der wichtigste Nahrungsstoff, ohne den eine Existenz nicht möglich erscheint, ist das **Eiweiß**.

Das Eiweiß, daß der Mensch zu sich nimmt, findet sich im Fleisch, in Eiern, Milch, Käse, Leguminosen, Getreidemehl, Kartoffeln in sehr verschiedener Menge als Muskelalbumin, Kasein, Pflanzenalbumin, Pflanzenkasein und in anderer Form. Dieses artfremde Eiweiß wird im Körper bis in seine Einzelbestandteile zerlegt und aus diesen Bausteinen baut der Organismus sein eigenes Körpereiweiß wieder auf.

Um dem fortwährenden Verbrauch an Eiweiß für den Kraft- und Stoffwechsel zu genügen, müssen täglich neue Eiweißmengen zugeführt werden. Es hat sich aus ungezählten Untersuchungen, Erfahrungen, Berechnungen und Experimenten ergeben, daß für den erwachsenen Menschen von 70 kg etwa 100 g Eiweiß pro Tag als Ersatz für das Verbrauchte nötig sind. Diese Menge ist natürlich keine ganz feststehende Zahl, da Arbeit, Ruhe, Bewegung, Temperatureinwirkungen den Verbrauch des Eiweißes beeinflussen, aber sie hat sich im allgemeinen bisher als durchaus richtig erwiesen. Der Organismus kann zur Not auch mit noch weniger auskommen, aber dann muß ein genügend großer Ersatz geleistet werden in Form von Fett und Kohlenhydraten, die bis zu einem gewissen Grade das Eiweiß vertreten können. Eine bestimmte Menge Eiweiß ist aber nicht ersetzbar.

Wenn man daher immer wieder versucht glauben zu machen, unsere Nahrung wäre zu eiweißreich, so ist das ein verhängnisvolles Unternehmen, weil ganz außer acht gelassen wird, daß der menschliche Organismus bei zu geringer Zufuhr sehr bald einer Unterernährung und Schwäche anheimfällt, die die Leistungsfähigkeit des Menschen, die Regeneration der Muskeln, die Neubildung von Blut und den Abbau der Zellsubstanz stark beeinträchtigen und dem ganzen Volke Schaden bringen. Die Eiweißmenge soll so gehalten sein, daß sich der Körper im sog. „Stickstoffgleichgewicht" befindet, d. h. es muß soviel aufgenommen werden, wie umgesetzt wird. Da der Körper in seiner Trockensubstanz nahezu aus 22% Eiweiß besteht, so bedarf er eben zu seiner Existenz eine erhebliche Menge.

Die Eiweißkörper aus dem Tier- und Pflanzenreich werden nicht in ganz gleicher Weise im Organismus verwertet. Am besten wird das Fleischeiweiß ausgenutzt (mit nur 2% Verlust), vom Milcheiweiß bleiben 7% übrig, viel geringer ist aber die Ausnutzung des vegetabilischen Eiweißes im Brot und den Leguminosen, bei der 20—40% verloren gehen.

Die **Nahrungsfette** stehen uns in verschiedener Auswahl zur Verfügung: Als flüssige Substanzen in den Pflanzenölen, als weiche, halbfeste in der Butter, dem Schmalz, und als feste in tierischem Talg. Es sind Verbindungen von Fettsäuren mit Glyzerin. Alle Fette werden vom Organismus aufgenommen, insoweit sie bei Körpertemperatur flüssig werden. Die Menge, die pro Tag im Körper zerlegt werden kann, ist aber begrenzt, sie dürfte etwa 100 g betragen.

Die Wirkung des Fettes ist eine sehr verschiedene. Es dient in der Hauptsache der Wärmebildung, wirkt aber auch als Kraftquelle. Denn wir wissen, daß bei Muskelarbeit viel größere Fettmengen verarbeitet werden als im Ruhezustande. Endlich dient es auch als Sparmittel für das Eiweiß. Bei ungenügender Nahrungszufuhr wird zuerst das Fett angegriffen und schützt dadurch das Eiweiß vor Zerfall.

Alles Fett, was nicht zerlegt wird, lagert sich im Gewebe ab und bedingt den Fettansatz, der bis zu einem gewissen Grade für den Körper wünschenswert erscheint.

Darüber, wieviel Fett pro Tag aufgenommen werden müßte, bestehen keine Normen. Zweckmäßig sind etwa 50—60 g. Ein Zuviel ist jedenfalls geratener als ein Zuwenig.

Die **Kohlenhydrate** ähneln in ihrer physiologischen Wirkung den Fetten und dienen ebenfalls der Wärmebildung und dem Stoffansatz. Auch wenn man sie in sehr großen Mengen zuführt, werden sie schnell und restlos verbrannt, so daß sich im Körper fast nichts von ihnen auffinden läßt. Nur Spuren von Glykogen sind nachweisbar. Wird die Aufnahme von Kohlenhydraten übermäßig gesteigert, so kann sogar Fett aus ihnen gebildet werden. Dadurch, daß sie eher als Fett und Eiweiß angegriffen werden, schützen sie die letzteren Substanzen vor dem Zerfall und üben eine bedeutende, sparende Wirkung aus, die die Sparwirkung der Fette noch übertrifft.

Die Menge, die der Körper pro Tag braucht, ist verschieden hoch zu bemessen; das richtet sich nach der Größe der Eiweiß- und Fettzufuhr. Bei 100 g Eiweiß und etwa 60 g Fett würden etwa 400—500 g Kohlenhydrate für einen 70 kg schweren, leicht arbeitenden Mann gerechnet werden müssen.

Die Deckung der Kohlenhydrate geschieht hauptsächlich aus vegetabilischen Nahrungsmitteln: Brot, Mehl, Kartoffeln usw., in denen Stärke, Zuckerarten, verschiedene Zellulose und Pentosen enthalten sind. Von animalischen Nahrungsmitteln liefert nur die Milch Kohlenhydrate, und zwar den Milchzucker. Für die Praxis läßt sich daraus ableiten, daß große Mengen von Kartoffeln, Mehlspeisen, Brot und Zucker den Verbrauch von Fleisch und andern Animalien stark herabzudrücken in der Lage sind.

Während die oben besprochenen organischen Stoffe, Eiweiß, Fett und Kohlenhydrate dem Körper Wärme und Kraft verleihen, sind die für den Organismus nicht weniger wichtigen Stoffe, Wasser und Salze, dazu nicht imstande. Ohne dieselben würde der Mensch aber an Vertrocknung der Gewebe bzw. an sog. Salzhunger zugrunde gehen.

Da der Körper ungefähr 3 Liter Flüssigkeit pro Tag abgibt, müssen ihm entsprechende Mengen (2—3 Liter) wieder zugeführt werden. Das Wasser dient zur Lösung und Fortleitung der Salze in die Gewebe und zur Komplettierung des Säftestromes. Ein Überschuß an Wasser wird ohne weiteres durch die Nieren wieder abgeführt. Bei 2—3% Wasserverlust des Körpers stellt sich

Durstgefühl ein, eine Mahnung, daß der Körper Wasser nötig hat. Verlieren die Organe 20—22% Wasser, dann tritt Tod ein.

Eine Verarmung des Körpers an Wasser ist im gewöhnlichen Leben aber nicht zu befürchten, da durch Speise und Trank genügende Mengen zugeführt werden.

Dasselbe gilt auch von den **Salzen.**

Die Sorge, mit der das Publikum — unter Anpreisung von Nährsalzpräparaten — so oft geängstigt wird, daß nämlich unsere Nahrung zu salzarm wäre, ist völlig unbegründet. Die gemischte tägliche Kost enthält alle Salze, die zum Aufbau der Gewebe notwendig sind. Allerdings kann bei ganz einseitig gesalzener Nahrung eine Verminderung des Salzbestandes eintreten oder bei ausschließlicher Ernährung des Organismus mit Vegetabilien der Chlorgehalt desselben zugunsten des Kaligehaltes abnehmen; aber das sind doch Ausnahmen.

In unsern Speisen nehmen wir die Verbindungen des Natriums, Kalziums, Magnesiums und des Eisens mit Phosphorsäure, Kohlensäure und Chlor z. T. in sehr großen Mengen auf. Vom Kochsalz (Chlornatrium) allein werden unter normalen Verhältnissen 10—12, oft 15—20 g pro Tag eingeführt. Das Kind nimmt in der Milch den gesamten zum Knochenaufbau nötigen Kalkgehalt auf. Dem Erwachsenen stehen in der gemischten Kost genügende Kalksalzmengen zur Verfügung, die etwa 1,5 g pro Tag betragen. Besonders reich an Kalk sind Gemüse, Hafermehl, Milch, Eier und Käse. Roggenmehl, Kartoffeln und Fleisch gelten als kalkarm.

Wichtig ist auch die Zufuhr von Eisen zur Hämoglobinbildung. Es wird hauptsächlich geliefert von den grünen Gemüsen, wie Spinat, grünen Bohnen usw.

Fassen wir das Gesagte zusammen, so ergibt sich, daß der Nahrungsbedarf des Menschen Schwankungen unterliegt, die durch Alter, Konstitution, Geschlecht, Arbeit, Temperament, Gewohnheit bedingt sind, aber daß trotzdem eine gewisse Norm besteht. Voit hatte ermittelt, daß für einen kräftigen Arbeiter von 70 kg Gewicht 118 g Eiweiß, 56 g Fett und 500 g Kohlenhydrate ein zweckmäßiges Kostmaß sei; es war ihm aber ebensowohl auch bekannt, daß der Mensch auch mit einer geringeren Nahrungsmenge existieren könne. Trotzdem forderte er — und zwar mit Recht — dieses „Optimum", da der Organismus nur dann seine höchste Leistungsfähigkeit und Widerstandsfähigkeit gegen Infektionskrankheiten und alle äußeren Einflüsse behaupten kann, wenn er gut ernährt ist.

Eine große Reihe Untersuchungen, bei denen die eingeführte Eiweißmenge nur 60—70 g pro Tag erreichte, haben später gezeigt, daß — genügende Zufuhr von Fett und Kohlenhydraten vorausgesetzt — zwar gerade noch die Erhaltung des Stickstoffgleichgewichtes gewährleistet wird, aber eine Unterernährung doch sehr bald die Folge ist. Dieses physiologische Eiweißminimum genügt demnach nicht den Anforderungen der Hygiene. Diese rechnet vielmehr mit dem sog. hygienischen Eiweißminimum, einer Menge Eiweiß, die die dauernde Erhaltung der Körperkraft verbürgt, auch wenn noch Schwankungen der Ernährung nach unten eintreten sollten. Dazu gehören pro Tag etwa 100 g Eiweiß.

Da nun aber die meisten Eiweißträger, besonders die Animalien viel teurer sind als die Kohlenhydrate, so wird man bei der Aufstellung eines Ernährungsbudgets vielfach darauf angewiesen sein, die letzteren für die Animalien einzusetzen. Glücklicherweise steht vom physiologischen Standpunkte aus dem insofern nichts entgegen, als die Kohlenhydrate und Fette, wie schon bemerkt, bis zu einer gewissen Menge das Eiweiß vertreten können.

Die Vertretung geschieht nach dem Rubnerschen „Gesetz der Isodynamie", d. h. entsprechend ihren Brennwerten. Ebenso wie außerhalb des Körpers irgendeine Substanz, z. B. Kohle, beim Verbrennen eine bestimmte Menge Wärme liefert, so entsteht im Organismus bei der Verbrennung (Oxydation, Spaltung) von Eiweiß, Fett und Kohlenhydraten ebenfalls Wärme, deren Effekt man in Kalorien ausdrückt. (Unter einer [großen] Kalorie versteht man diejenige Wärmemenge, welche imstande ist, 1 kg Wasser um 1° zu erhöhen.)

1 g Eiweiß liefert . . . . 4,1 Kalorien (Nutzeffekt)
1 g Fett liefert 9,3   „
1 g Kohlenhydrat liefert 4,1   „   [1]

Diese Mengen sind einander also isodynam, d. h. sie können sich in ihrer Wirkung ersetzen. 100 g Fett werden demnach soviel Energie aufbringen können, wie rund 240 g Muskelfleisch

---

[1] 1 g Holz liefert 3, 1 g Alkohol 7,2, 1 g Anthrazit 8 große Kalorien.

(Eiweiß) oder 240 g Rohrzucker. Allerdings muß dabei die Einschränkung gemacht werden, daß in der Praxis das Nahrungseiweiß nicht vollständig durch Fett und Kohlenhydrate ersetzt werden kann, weil, wie schon erwähnt, ein bestimmtes Minimum an Eiweiß zur Erhaltung des Körpers unentbehrlich ist.

Es läßt sich nun, nachdem wir wissen wie hoch der Brennwert der einzelnen Nahrungsstoffe ist, leicht der Wärme- bzw. Energiewert der Gesamtnahrung, die der Mensch zu sich nimmt, berechnen.

Die von Voit geforderte Menge Nahrung würde dementsprechend an Kalorien ergeben:

$$
\begin{array}{rll}
118 \text{ Eiweiß} & \times\, 4{,}1 = & 483{,}8 \text{ Kalorien} \\
56 \text{ Fett} & \times\, 9{,}3 = & 520{,}8 \quad\text{,,} \\
500 \text{ Kohlenhydrate} & \times\, 4{,}1 = & \underline{2050{,}0 \quad\text{,,}} \\
& & 3054{,}6 \text{ Kalorien}
\end{array}
$$

also rund 3000 Kalorien.

Bei sehr schwerer Arbeit muß die Kalorienmenge auf 4000 bis 5000 erhöht werden, bei Ruhe oder geringem Körpergewicht kann sie erheblich sinken. Während der Zeit der Rationierung im Kriege hat ein großer Teil der Bevölkerung nur etwa 2000 Kalorien zur Verfügung gehabt, wodurch freilich auch der Zustand der Unterernährung heraufbeschworen worden ist.

Wollte man die Nahrung und die Kostsätze nur nach Kalorien aufbauen, so würde man nicht zum Ziele kommen, da es natürlich auch auf eine geeignete Kombination der Nahrungsmittel ankommt. Außerdem dürfen wichtige Dinge nicht übersehen werden. Das ist der Genußwert, der Sättigungswert, die Zubereitung und die Ausnützung der eingeführten Nahrungsmittel.

c) Die Ausnützung der Nahrung und der Stoffwechselversuch.

Führt man dem Körper ein beliebiges Nahrungsmittel zu, so wird es entweder vollständig oder zum größten Teil verdaut, d. h. gut „ausgenützt", oder es bleibt ein größerer unverdauter Rest, der dann anzeigt, daß das Nahrungsmittel weniger gut oder schlecht ausgenützt wird. Unter „Ausnützung" versteht man demnach die Fähigkeit des Organismus, aus der Nahrung bestimmte Stoffmengen aufzunehmen, die später in den Säftestrom übergehen. Das, was dieser „Resorption" nicht unterliegt, sammelt sich im Darmrohr an und wird als „Kot" ausgeschieden.

Die Menge des Kotes wird also hiernach zum Ausdruck bringen, wieviel Unverdauliches in der Nahrung vorhanden gewesen ist. Dabei bleibt allerdings zu berücksichtigen, daß neben den Nahrungsrückständen auch noch Darmschleim gebildet wird, dessen Mengen um so größer werden, je schlechter die Nahrungsmittel ausnützbar sind. Am wenigsten Kot liefern die Animalien, am meisten die Vegetabilien, da jene am besten, diese am schlechtesten ausgenützt werden. So ergeben z. B. 1000 g Fleisch bei der Verdauung nur 54,3 g feuchten Kot = 13,1 g trockenen Kot, während 1000 g gelbe Rüben 424 g feuchten = 28,9 g Trockenkot liefern. Im übrigen entleert der Organismus auch im Hungerzustande Kot, deren Menge auf 2—3,5 g Trockensubstanz pro Tag zu berechnen ist.

Untersucht man die verschiedenen Nahrungsmittel auf ihre Ausnützbarkeit, so zeigt sich, daß jedes seinen bestimmten „Ausnützungskoeffizienten" hat, d. h. von jedem Nahrungsmittel wird soundso viel Prozent verdaut. Das im Körper Aufnahmefähige bezeichnet man dann als den Nährstoffreinwert, während die chemische Analyse des Nahrungsmittels den Nährstoffrohwert angibt. Die chemische Analyse ist also nicht imstande, uns über die Ausnützung des Nahrungsmittels im Organismus etwas sicheres auszusagen, und daher geben die nach der chemischen Analyse allein berechneten Nährwerte zu falschen Schlüssen Veranlassung.

Wie einige nachstehende, von Rubner ermittelten Zahlen beweisen, können die Verluste an Trockensubstanz und Eiweiß bei der Verdauung unter Umständen sehr bedeutend sein.

Es werden nicht resorbiert:

	Von der Trockensubstanz	Vom Eiweiß	Von den Kohlenhydraten
Gebratenes Fleisch	5,3	2,6	—
Hartes Ei	5,2	2,6	—
Milch	8,8	7,1	—
Weizenbrot von feinstem Mehl . .	4,2	21,8	1,1
Roggenbrot aus grobem Mehl . .	13,1	36,7	7,9
Reis	4,1	20,4	0,9
Erbsen	9,1	17,5	3,6
Bohnen	18,3	30,2	—
Kartoffeln	9,4	30,5	7,4
Gelbe Rüben	20,7	39,0	18,2

Um die Ausnützungsquote der einzelnen Nahrungsmittel nachzuweisen, wird immer noch hier und da der künstliche Verdauungsversuch angestellt, bei welchem man die Speisen mit Pepsin bzw. Trypsin und Salzsäure zusammenbringt und danach prüft, wieviel sich aufgelöst hat. Dieses Verfahren ist aber ganz unzulänglich, da der Reagenzglasversuch keinesfalls die „chemische Fabrik" des Körpers ersetzen kann. Im Organismus spielt noch eine andere große Reihe von Vorgängen bei der Verdauung mit, die im künstlichen Versuch nicht nachahmbar sind.

Die einzig korrekte Art der Feststellung ist die im lebenden Menschen (bis zu einem gewissen Grade auch im Tier). Entweder bedient man sich des **Ausnützungsversuches** oder des **Stoffwechselversuches**.

Im ersteren Falle gibt man eine bestimmte Menge Nahrungsmittel, z. B. Brot, legt vorher den Gehalt an Trockensubstanz und Stickstoffsubstanz fest und sieht wieviel davon im Kot als Verdauungsrest zurückbleibt. In diesem Rest wird wiederum die Trockensubstanz und die Stickstoffsubstanz ermittelt. Die Differenz zwischen Einnahme und Ausgabe entspricht dem ausgenützten Teile.

Für viele Fragen ist aber die Kenntnis des Gesamtstickstoffumsatzes erforderlich und deshalb stellt man besser den sog. Stoffwechselversuch an. Hierbei wird auch der im Urin ausgeschiedene Stickstoff bestimmt und außerdem der Umsatz des Fettes, der Kohlenhydrate, und der Rohfaser bzw. der Kalorien ermittelt. Besonders angezeigt sind derartige Versuche, wenn es sich um Untersuchung gemischter Nahrung handelt, in der gleichzeitig festgestellt werden soll, ob dieselbe, bzw. ein in derselben wichtiger Bestandteil, z. B. das Brot, befähigt ist, den Körper im Stickstoffgleichgewicht zu erhalten.

Alle diese Untersuchungen sind aber schwierig auszuführen und sehr kompliziert, und, wenn nicht mit der genügenden Sorgfalt verfahren wird, wertlos. Die Schwierigkeiten sind in der Anlage und Dauer des Versuches, der Nahrung selbst und der Versuchsperson zu suchen.

Der menschliche Verdauungsapparat ist kein Uhrwerk, das einmal aufgezogen, genau und gleichmäßig sein tägliches Pensum absolviert, sondern ein Mechanismus, der durch allerhand Zufälligkeiten oder kleinste Reize aus seiner Ordnung gebracht werden kann und sofort mit Unregelmäßigkeiten im Verlauf der Verdauung reagiert. Da die Möglichkeit einer derartigen Abweichung von der Norm auch bei ganz gesunden Personen vorliegen kann, so müssen derartige Versuche stets lange Zeit fortgesetzt werden, um etwaige Fehler auszugleichen. Bei schwierigen physiologischen Fragen ist das unbedingt notwendig. Beim gewöhnlichen Ausnützungsversuch begnügt man sich jedoch meist mit 3—5 Tagen. Kürzere Perioden sind unzulässig. Will man aber bei diesen auch den Gesamtstickstoffumsatz bestimmen, so muß eine sog. Vorperiode von 2—3 Tagen vorausgehen, in der sich der Körper auf die neue Nahrung einstellen kann. Es folgt dann die Hauptperiode von 3—5 Tagen und endlich eine Nachperiode von 2—3 Tagen.

Ehe der Versuch beginnt, müssen sämtliche Nahrungsmittel, die genossen werden sollen, in genügender Menge beschafft und analysiert werden, damit während des Versuches keine Störungen eintreten. Der gesamte Harn und Kot der Tagesperiode ist zu sammeln und sofort zu verarbeiten, da sonst bei längerem Stehen durch Zersetzungen Fehler unterlaufen.

Viel kommt darauf an, ob das Nahrungsmittel, z. B. Brot, dessen Ausnützungsgröße bestimmt werden soll, allein oder mit andern Nahrungsmitteln zusammen genossen wird. Ist letzteres der Fall, dann darf die Zukost keinesfalls sehr kompliziert zusammengesetzt sein, weil sonst die Ausschläge sich verwischen. Jedenfalls muß man da, wo es sich in erster Linie um die Eiweißausnützung handelt, eiweißhaltige, dort wo es sich um Kohlenhydratausnützung handelt, kohlenhydrathaltige und da, wo es sich um Fettausnützung handelt, fetthaltige Zukost möglichst vermeiden. In dieser Beziehung ist bei den bisher angestellten Stoffwechseluntersuchungen viel vernachlässigt worden. Außerdem ist zu bedenken, daß die Ausnützung eines bestimmten Nahrungsmittels in Kombination mit anderen besser bzw. schlechter ausfallen kann und daher dieser Punkt besonderer Beachtung bedarf. Die klarsten Ergebnisse liefern Versuche, bei denen das zu untersuchende Objekt allein ohne jede Zukost verabreicht wird.

Nun ist es natürlich nicht Jedermanns Sache z. B. mehrere Tage von Wasser und Brot zu leben. Einigen ist es schon eine unüberwindliche Aufgabe, sich von der gewohnten Kost zu trennen, andere verzagen wenn der Versuch länger als 2 Tage dauert. Manche haben den guten Willen, länger auszuhalten, aber psychische Einflüsse stören die regelrechte Verdauung und Durchfall oder Verstopfung sind die Folge, wodurch der Versuch wertlos wird. Daher ist die Auswahl der Versuchspersonen fast die wichtigste Frage. Ohne eine gewisse Selbstüberwindung scheitern meist schon kürzere Versuche. Bei dieser Sachlage bringen oft viele Versuche keine rechte Klarheit.

Dazu kommt, daß die Resultate, die bei einem Individuum gewonnen sind, nicht ohne weiteres sich verallgemeinern lassen, da die Ausnützungsfähigkeit der verschiedenen Menschen sehr verschieden ist. Deshalb ist es auch zweckmäßig, dasselbe Material an mehreren Individuen zu erproben.

Man kann auch schließlich Tiere (Hunde) zu Stoffwechselversuchen heranziehen, aber hier liegen die Schattenseiten darin, daß die Ergebnisse nicht in allen Fällen ohne weiteres auf den Menschen übertragen werden können und die Tiere ihre subjektiven Gefühle: Darmreizungen, Blähungen, Schmerzen usw. nicht angeben können, was für die Beurteilung des Versuches vielfach wesentlich ist.

2. Das Brot als Nahrungsmittel.

Vermöge der anatomischen und physiologischen Einrichtungen der Mundwerkzeuge und des Magendarmkanals ist der Mensch imstande, sich sowohl mit animalischer wie mit vegetabilischer Nahrung am Leben zu erhalten. Welcher Nahrung er den Vorzug gibt, hängt von dem Geschmack, dem Bedürfnis, der Gewohnheit, der Preislage, der Landessitte und davon ab, ob das Gewünschte überhaupt zu haben ist.

Wenn die Eskimos und die Samojeden fast ausschließlich von Animalien leben, so tun sie es gewiß nicht nur aus Vorliebe für die tierische Nahrung, sondern aus Zwang und später aus Gewohnheit, da in Grönland und dem nordischen Rußland Vegetabilien kaum zu beschaffen sind. Wenn einzelne tropische Völkerstämme nur Vegetabilien genießen, so mag die Sitte und Geschmacksrichtung eine Rolle spielen. Und wenn sich endlich diejenigen, die sich Vegetarier nennen, für die pflanzliche Nahrung allein entscheiden, so treibt sie das Bedürfnis oder ein rätselhafter Fanatismus dazu. Im allgemeinen aber wird die große Masse der Menschen die Kombination von tierischer und pflanzlicher Nahrung für das Zweckmäßigste erachten. Denn auch bei solchen Völkern, die fast nur von Reis leben, wie die Japaner, würzen sich die niederen Klassen ihre Nahrung mit Fleisch oder Fisch, sobald sie es ermöglichen können.

Hält man Umschau über die Verteilung der animalischen und vegetabilischen Nahrung, so ergibt sich sehr bald, daß die vegetabilische die bevorzugtere ist, schon deshalb, weil die animalische Nahrung nur mit größeren Ausgaben beschafft werden kann. Es zeigt sich aber auch, daß die Animalien trotz hohen Preises einen wesentlichen Teil der Gesamtnahrung ausmachen, weil eine abwechslungsreiche und anregende Kost ohne sie kaum herstellbar ist. Das Übergewicht erlangt der animalische Teil aber kaum, wenigstens nicht bei der großen Masse des Volkes.

Nach physiologischen Grundsätzen soll die normale Nahrung aus etwa ein Drittel animalischem und zwei Drittel vegetabilischem Eiweiß bestehen und von dem vegetabilischen Eiweiß wiederum etwa zwei Drittel durch das Brot gedeckt werden.

In sehr schöner Weise ist dies in den Kostsätzen der sog. kleinen Friedensverpflegung des Militärs zum Ausdruck gebracht, die sich, wie die langjährige Erfahrung gezeigt hat, ausgezeichnet bewährte und dem Bedürfnis in jeder Weise Rechnung trug. Danach beträgt bei 750 g Brot oder 500 Feldzwieback, 180 g rohem Fleisch oder 120 g geräuchertem Speck oder 100 g Fleischkonserven, 250 g Hülsenfrüchten oder 125 g Reis, Graupen, Grieß, Grütze oder 60 g Dörrgemüse oder 150 g Gemüsekonserven oder 1500 g Kartoffeln:

	Der Eiweißgehalt	Der Fettgehalt	Der Kohlenhydratgehalt	Der Kaloriengehalt
aus der Brotportion[1] . .	30,9	4,1	346,4	1585,0
„ „ Fleischportion . .	27,1	45,2	—	531,5
„ „ Gemüseportion .	20,5	5,0	168,4	821,0
	78,5	54,3	514,8	2938,0

[1] Das Militär erhielt vor dem Kriege in England 680 g, in Österreich 900 g, in Italien 920 g, in Frankreich 1000 g, in Rußland 1500 g Kommißbrot pro Tag.

Berechnet man hieraus das Prozentverhältnis, so ergibt sich:

für das Eiweiß	aus der Brotportion	39,3%
	„ „ Fleischportion	34,6%
	„ „ Gemüseportion	26,1%
für die Kalorien	„ „ Brotportion	54,0%
	„ „ Fleischportion	18,0%
	„ „ Gemüseportion	28,0%

Es macht also das animalische Eiweiß 34,6% und das vegetabilische Eiweiß 65,4% aus, von dem wiederum das Brot mit zwei Drittel der Summe vertreten ist. Die Kalorien wurden zu 82% aus den Vegetablien, zu 18% aus den Animalien bestritten. Das Brot allein übernimmt 54% desselben.

In dieser idealen Kostordnung nimmt das Brot den wesentlichsten und ihm auch gebührenden Platz ein, und es wäre wünschenswert, daß auch für die gesamte Zivilbevölkerung die Zusammensetzung als Muster diente.

Leider ist das nicht der Fall. Wenn man sich die Mühe nimmt, aus Haushaltungsbüchern die Brotmenge zu berechnen, so ergibt sich, daß der Brotverbrauch in den Kreisen, die auf sog. „gute Kost" Wert legen, niemals die Höhe von 750 g pro Kopf und Tag erreicht, daß er vielmehr nur auf 100—250 g einzuschätzen ist.

Die fehlenden Kohlenhydrate werden dann gedeckt durch Vegetabilien, Mehlspeisen, Getreidemahlprodukte oder Weizengebäck.

In Arbeiterkreisen und bei den weniger bemittelten Klassen liegen die Verhältnisse zum größten Teil noch so, daß mehr Brot (Roggenbrot) genossen wird. Die Ermittelungen ergaben 300 bis 500 g pro Tag. Auf dem Lande bei schwerer Arbeit und dort, wo man seit Jahr und Tag an große Brotmengen gewohnt ist, steigt die Menge auf 600—700 g. Die nicht durch Brot gedeckten Kohlenhydrate müssen die Kartoffeln zumeist ersetzen.

Allerdings — und das ist das Verhängnisvolle — kehrt man hier mehr und mehr dem Roggenbrot den Rücken und greift, obwohl es wirtschaftlich höchst unrationell ist, zum Weizengebäck, den „Brötchen" und dem Kuchen. Diese Gewohnheit konnte man in den gesegneten Tagen vor dem Kriege verständlich finden und gelten lassen, sie passen aber keinesfalls mehr in die jetzigen schweren Zeiten, in denen jeder Haushalt seine wichtigste Aufgabe darin sehen muß, mit möglichst geringen Ausgaben möglichst große Nährstoffmengen zu erlangen. Nur dem persönlichen Geschmacke und den Sitten der Verwöhnten gemäß zu leben, ist nicht mehr am Platze.

Ein gut gebackenes Schwarzbrot ist ein so ausgezeichnetes, schmackhaftes und unübertroffenes Nahrungsmittel, daß diesem kein anderes an die Seite zu setzen ist. Das geht schon daraus hervor, daß man nie danach ein sog. „Abgegessensein" empfindet, was bei Kuchen u. dgl. — in denselben Mengen genossen — bald eintritt.

Die Bevorzugung des Weißbrotes gegenüber dem Schwarzbrot hat aber auch noch eine andere Schattenseite: Je verwöhnter der Gaumen und je ausgeprägter der Geschmackssinn für Weizengebäck ist, desto größer wird der Drang, sich Fleisch und Fettspeisen zu verschaffen, und damit treten die Vegetabilien in den Hintergrund. Man ist dann leicht geneigt, zu sog. „kalter Küche" überzugehen und zu den „belegten Brötchen", die wohl dem Geschmack sehr angepaßt sind, aber nicht dem Ausgabebudget. Das Volumen der Nahrung nimmt dabei in unerwünschter Weise ab und der Preisgeldwert für die Nahrung steigt. Wir können daher vom sozialhygienischen Standpunkte aus eine derartige Weiterentwicklung, die die vegetabilische Nahrung zurückdrängt, nicht gut heißen und man muß wenigstens versuchen, ihr Einhalt zu tun. Das Fleisch und seine Präparate finden zwar weitgehendste Verwendung, das Fleisch ist auch einer der hervorragendsten Eiweißträger, aber unbedingt notwendig ist es in der menschlichen Nahrung nicht, da auch das pflanzliche Eiweiß, in genügender Menge eingeführt, den Körper vor Verlusten schützen kann.

Wenn der Anteil des Brotes in der Tagesnahrung zu 40% für das Eiweiß und zu 54% für das Kalorienbedürfnis angenommen wird, so gilt das nur für solche Personen, die täglich 750 g Brot aufnehmen. Eine derartige Menge wird aber vom Gesamtdurchschnitt der Bevölkerung nicht aufgezehrt. Nach der Mühlenproduktion 1908/09 betrug die Menge nur 417 g und Rubner ermittelte auf Grund von Haushaltbüchern nur 436 g. Münchner Arbeiter verbrauchten 570 g, ostpreußische Landarbeiter 600 g, sächsische Weber, die fast ganz auf Brotnahrung angewiesen sind, 711 g pro Tag.

Nehmen wir den Betrag von 500 g pro Tag als zutreffendes Mittel an, dann führt man mit dem Brot 30 g Eiweiß und 230 g Kohlenhydrate = 1066 Kalorien ein; das ist das Drittel des notwendigen Eiweißbedarfes und die Hälfte der Kohlenhydrate und ein Drittel der Kalorien für einen kräftigen Mann.

Im Vergleich zum Geld-Nährwert der Vegetabilien und besonders zu dem der Animalien ist der Brotanteil zurzeit immer noch der billigste, und schon deshalb müßte der Brotkonsum gefördert werden.

3. Die Bereitung des Brotes.

a) Der Teig und die Teigbereitung.

Mischt man Mehl mit Wasser und bäckt das Gemenge sogleich, so erhält man, wie oben erwähnt wurde, sog. Fladen, die Vorläufer des Brotes, die in frischem Zustande wohl ein „Gebäck" darstellen, aber dem derzeitigen Brot recht wenig ähnlich sehen. Sie sind fest und hart und es fehlt ihnen das lockere Schaumige, die lufthaltige Krume. Diese poröse Beschaffenheit kann das Brot nur erlangen, wenn die Mehl- und Wassermischung, der Teig „aufgeht", d. h. wenn er durch die von Mikroorganismen erzeugten Gase auseinandergerissen wird.

Es ist ein leichtes, diesen Vorgang, der als Gärung bezeichnet wird, sichtbar zu machen. Man braucht nur Mehl und Wasser zu einem Teig zusammenzurühren und ihn eine Zeitlang sich selbst zu überlassen. Dann wird das Volumen größer, die Masse bläht sich auf und wird von Gasblasen durchsetzt. Die Mikroorganismen, die die Kräfte auslösen, braucht man nicht hinzuzufügen, denn sie sitzen bereits im Mehl und sind in dasselbe in reichster Menge aus dem Getreide, dem sie anhafteten, hineingelangt.

Bäckt man einen derartigen Teig, nachdem er vielleicht 24 Stunden gestanden hat, so entsteht ein Gebäck, das etwa dem früheren „Posener Wasserbrot" oder dem „Nürnberger Hausbrot" entspricht, Backwaren, die wohl auf ähnliche Weise bereitet wurden. Große Ansprüche sind an solche Brote natürlich nicht zu stellen, da es schließlich dem Zufall überlassen bleiben mußte, ob die Gärungserreger auch die richtige Säure und Gasmenge hervorbringen, die zum Gelingen des Brotes notwendig sind.

Merkwürdig genug ist, daß die so wenig sichere Methode bis jetzt für die Brotbereitung im Prinzip beibehalten worden ist. Sie hat allerdings im Laufe der Zeit eine sachgemäßere und zielsichere Ausgestaltung erfahren, die ganz befriedigende Resultate gibt.

Man versucht nämlich die verschiedenen Mikroorganismen, die sich in jedem mit Wasser angesetzten Mehl entwickelten, auf einige wenige Arten zu beschränken und denen, die die beste Gärfähigkeit aufwiesen, die Möglichkeit zu geben, sich auf Kosten der andern stark zu vermehren.

Die ganze Flora von Kleinlebewesen, die dem Getreide entstammen, hier aufzuführen, würde nicht lohnen, weil doch darunter nur wenige sind, die bei der Gärung in Frage kommen.

Am häufigsten finden sich auf dem Getreide und im Mehle Bakterien in Stäbchenform, z. T. ohne, z. T. mit resistenten „Sporen" (d. s. Dauerformen, die sogar die Backtemperatur überstehen können), ferner Hefen- und Schimmelpilze.

Für die Gärung können nur die in Frage kommen, die aus den Mehlsubstanzen (Zuckerarten) Gas abspalten und Säure zu bilden vermögen. Hierher gehören einmal die Hefen und anderseits Organismen aus der Coligruppe, einer vielgestaltigen Klasse von Bakterien, die neben Gasbildnern auch Essigsäure- und Milchsäurebildner in großer Zahl umfaßt.

Man hat sich sehr viel Mühe gegeben, die Tätigkeit und Wirkung der einzelnen Vertreter der Gruppe zu erforschen, hat auch eine Reihe Bakterien, z. B. Bacterium levans, B. panificans, B. acidi lactici, B. lactis acidi, B. panis fermentati, B. acidifaciens longissimus und auch Hefen isoliert und rein gezüchtet, aber eine volle Klarheit über die Leistungen der genannten Arten und welche Arten die wichtigste Rolle spielen, ist noch nicht erzielt worden. Man weiß nur bestimmt, daß die Hefearten bei der Lockerung des Teiges am hauptsächlichsten beteiligt sind und daß die Säurebildner einesteils die Säure des Brotes bedingen, zu dem Brotaroma beitragen und anderseits sehr energisch mithelfen, den Hefen die Vermehrung und Ausbreitung zu erleichtern.

In dieser letzteren Beziehung ist die Tätigkeit der Milchsäurebakterien sehr wesentlich. Sie verhindern einmal die unnötigen Begleitbakterien aus dem Mehl am Wachstum, töten allmählich die unwillkommenen Colistäbchen, welche bei weiterer Vermehrung durch Produktion von Essigsäure schaden würden, und halten endlich auch anaërobe Bakterien, die zur Bildung von stinkender Fäulnis und Buttersäurebildung beitragen, zurück. Damit fördern sie gleichzeitig die Anreicherung der Hefen, deren Hauptzweck darin besteht, den Zucker, der durch ein Ferment (Cerealin) aus der Stärke entsteht, in Alkohol und Kohlensäure überzuführen.

Da nun unter den Milchsäurebakterien mancherlei Varietäten vorhanden sind, die je nach ihrer Art und ihrem Temperaturoptimum verschiedene Mengen von Säuren, Gasen und aromatischen Produkten bilden, so hat man es ziemlich in der Hand, durch eine geschickte Teigführung diejenigen heranzuzüchten, die für das Gelingen des in Aussicht genommenen Gebäckes Garantien bieten.

In allen Fällen bleibt aber die Hefe, ganz gleichgültig, ob es sich um Roggen- oder Weizengebäcke handelt, als Kohlensäurespender zur Lockerung des Teiges der wichtigste Faktor, und man wird dort, wo es sich um Backwaren handelt, bei denen man den sauren Geschmack nicht wünscht, wie z. B. bei Weizengebäcken, sich der reinen Hefegärung, beim Roggenbrot dagegen der Sauerteiggärung bedienen. Allerdings verwendet man z. B. in England auch Sauerteig für das Weizenbrot und bei uns vielfach die Hefegärung zu Misch- und Graubroten. Grahambrot wird nur mit Hefen verarbeitet.

Die Sauerteigbereitung durchläuft in der Praxis verschiedene Phasen, die in der Bezeichnung: Anstellsauer, Anfrischsauer, Grundsauer und Vollsauer ihren Ausdruck finden. Zuerst wird ein kleiner Teil des Mehles mit Wasser, Salz und „Vollsauer", d. h. eines Stückes des von der letzten Teigführung herrührenden fertigen Teiges, in welchem genügend lebens- und aktionsfähige Mikroorganismen vorhanden sind, vermischt (Anstellsauer). Nach einiger Zeit (etwa 4 Stunden) erfolgt, um die Vermehrung der Bakterien zu fördern, eine „Anfrischung", indem man neues Mehl und Wasser hinzufügt. Dieser „Anfrischsauer" bleibt bei 25—26° etwa 4 Stunden stehen und erfährt dann durch abermalige Zugabe von (jetzt bei weitem mehr) Mehl und Wasser eine weitere Vervollkommnung. Die Gärungsorganismen haben innerhalb 6—7 Stunden bei etwa 28° Gelegenheit, sich aufs intensivste zu entwickeln und ihre Produkte an den Teig abzugeben (Grundsauer).

Diese Phase ist für das Gelingen des Teiges von grundlegender Bedeutung, da sich in ihr die ganze Gärkraft der Hefe zu höchster Höhe entwickeln muß, um die störenden und schädlichen Bakterien zu beseitigen. Durch weiteres Hinzufügen von Mehl und Wasser erzielt man innerhalb einer 3—5 stündigen Dauer bei 30° den „Vollsauer", der zum fertigen Teig heranreift, indem sich die ganze Masse mit Hefezellen durchsetzt. Hiermit beginnt im großen Maßstabe die Lockerung, die durch das sich dann anschließende „Aufwirken" des Teiges und durch das Verweilen auf der „Gare" der Vollendung entgegengeführt wird.

Während die Sauerteiggärung einen komplizierten Vorgang darstellt, deren Führung sehr viel Aufmerksamkeit erfordert und die ganze Kunst des Bäckers auf die Probe stellt, spielt sich die Hefegärung sehr viel einfacher ab.

Schon früher sah man, daß eine Mischung aus Wasser und Mehl unter Zugabe von gegorener Flüssigkeit, die Hefezellen enthielt, in Gärung geriet. Man machte sich später diese Beobachtung zu nutze, als das Brauen mit obergäriger Bierhefe große Mengen davon lieferte und verwendete diese direkt als Zusatzmittel zur Mehlmischung. Schließlich wurde eine sog. Bäckereihefe in großem Maßstabe hergestellt, d. h. eine Hefe, die an den Gärprozeß im Mehl durch Generationen angepaßt, eine Sicherheit für das Gelingen des Teiges gewährleistete. Hefen von untergärigen Bieren, sog. „Preßhefe", sind zur Teiggärung wenig geeignet, weil sie an höhere Temperaturen, die dazu nötig sind, nicht gewöhnt wurden.

Die Bäckereihefe wird einfach mit Mehl, Wasser (evtl. Zucker) und Salz zusammengemischt und zur Gärung beiseite gestellt oder man bereitet sich einen „Vorteig" aus Hefe, Wasser und Mehl und gibt nach etwa $^1/_2$ Stunde das übrige ins Auge gefaßte Quantum Mehl und Wasser hinzu. Überläßt man bei 30—36° den Teig sich selbst, so ist meist nach 1 Stunde die Angärung vollendet und die Masse zur Aufteilung fertig. Je weniger Hefe verwendet wird, desto länger zieht sich der Prozeß hin, da die Hefepilze in ihrer Entwicklung erst fortschreiten müssen, ehe sie genug Kohlensäure zur Lockerung gebildet haben.[1]

Die in der Praxis verwendeten Hefen sind nicht Reinkulturen im Sinne der Bakteriologie, sondern enthalten meist noch Bakterien, die bei der sehr schnellen und starken Vermehrung der Hefen alsbald zurückgedrängt oder vernichtet werden, so daß ihre Produkte keine schädliche Wirkung ausüben können.

Wenn nun auch zur Erzielung eines Teiges die gas- und säurebildenden Organismen unbedingt notwendig sind, so bedingen sie doch nicht allein die Güte desselben. Hier spielen noch eine Reihe anderer Faktoren mit, die unter Umständen ausschlaggebend sein können. Dazu gehören z. B. die Quellfähigkeit und das Wasserbindungsvermögen des Mehles, Eigenschaften, die nach Reifung, Alter, Pflege und Aufbewahrung des Getreides bekanntlich sehr schwanken. Frischgemahlenes Mehl verhält sich ungünstiger als abgelagertes. Ebenso steht es mit dem Nachquellen des Teiges, das die Festigkeit desselben verbürgt. Und endlich muß das Mischungsverhältnis zwischen Wasser und Mehl ein ganz bestimmtes sein, da sonst die Teigausbeutung unsicher wird.

Im allgemeinen erwartet man von einem guten Roggenmehl für 100 Mehl eine Teigausbeute von 150 und eine Brotausbeute von 130, von einem guten Weizenmehl eine solche von 160 und eine Brotausbeute von 140.

Bei jeder neuen Mehlprobe muß erst der Versuch entscheiden, wie die Teigausbeute ausfällt, da sich auf Grund der bisher angewendeten chemischen Untersuchungsmethodik keine Anhaltspunkte dafür gewinnen lassen. Es besteht aber die Hoffnung, hier doch noch weiter zu kommen, nachdem man erkannt hat, daß die noch ungelösten Fragen auf physikalisch-chemischem bzw. kolloidchemischem Gebiete liegen.

Anstelle der durch die Hefen gebildeten Kohlensäure werden in vielen Fällen auch rein chemische Mittel als Kohlensäurespender für die Teiglockerung verwendet, die unter den Namen Backpulver bekannt sind. Das allgemein gebräuchliche und beste ist das Natriumbikarbonat + Weinstein-

---

[1] Nebenbei entstehen noch kleine Mengen von Alkohol, die aber beim Backprozeß sich aus dem Teige verflüchtigen.

säure. Daneben wird auch das **Hirschhornsalz** (Ammoniumkarbonat), die **Pottasche** (Kaliumkarbonat), das **Chlorammonium**, das **Perkarbonat des Natriums**, die **komprimierte Kohlensäure** und das **Horsfordsalz** (saures Kaliumphosphat) benützt.

Wiewohl bei der Verwendung von Hefe etwa 1,5—2% Gärverlust zu verzeichnen ist, wird man doch, wenn es die Verhältnisse gestatten, sich lieber des biologischen Vorganges durch Mikroorganismen bedienen, als zu den künstlichen Triebmitteln greifen, wenn auch hygienisch nichts dagegen einzuwenden ist.

b) Der Backprozeß.

Der Backprozeß soll die Bereitung des Brotes vollenden, und da von demselben die Güte, Verdaulichkeit und der Geschmack des Brotes abhängen, so muß er ebenso aufmerksam geleitet werden, wie die Arbeiten bei der vorbereitenden Teiggärung.

Vor allen Dingen kommt es auf eine sorgsame **Regulierung der Temperatur** und auf die Zuführung der **richtigen Feuchtigkeitsmenge** im Backofen an.

Die Veränderungen, die beim Backen vor sich gehen, sind chemischer und physikalischer Natur und betreffen sowohl die Gesamtmasse des Teiges, als auch dessen Einzelbestandteile, die Kohlenhydrate, das Eiweiß, das Wasser und die gebildeten Gase. Fette und Säuren bleiben fast unberührt.

Solange die Temperatur des Backofens niedrig ist, schreiten die biologischen Vorgänge in der Teigmasse noch zusehends fort. Die diastatischen Fermente verwandeln weiter Stärke in Zucker und aus dem Zucker entwickelt sich durch die durch Wärme zu lebhafter Tätigkeit angeregten Hefezellen noch Kohlensäure, wovon aber ein Teil durch den stark aufgelockerten Teig hindurchpassiert.

Unterdessen dringt die mehr und mehr aufsteigende Wärme in das Innere der Teigmasse ein, und sobald 50—60° erreicht sind, stellen die Hefezellen ihre Arbeit ein. Die Milchsäurebakterien halten sich zwar noch eine Zeitlang am Leben und auch die Enzyme wirken bis 70° weiter, aber dann hören alle Lebensvorgänge auf. Der Teig, dessen Volumen bisher noch zunahm, gewinnt eine feste Gestalt, denn seine Bestandteile sind bereits in auffälliger Weise verändert worden. Die Stärke ist z. T. in Kleister, z. T. in Dextrin und gummiartige Stoffe umgewandelt, das Pflanzenalbumin und der Kleber sind geronnen und in einen unlöslichen Zustand übergeführt. Auch die Hitze, die von außen auf das Gebäck einwirkt, hinterläßt nunmehr sichtbare Spuren.

Es bildet sich eine Haut von verkleisterter Stärke und Dextrin, die allmählich immer dicker wird und einerseits den Austritt von Wasser aus dem Teig verhindert und anderseits aber auch als schlechter Wärmeleiter einen Schutz dafür bietet, daß die hohen Temperaturen nicht in das Innere des Gebäckes eindringen.

Die im Ofen vorhandenen Wasserdämpfe lösen einen Teil des gebildeten Dextrins, wodurch die Glätte und der Glanz der Oberfläche hervorgerufen wird.

Nimmt die Hitze weiter zu, so entstehen schließlich in der Rinde, die unterdessen an Stärke zugenommen hat, Umwandlungsprodukte des Eiweißes und der Kohlenhydrate, welche der Kruste den würzigen und zugleich etwas bittern Geschmack verleihen. Man nennt die Stoffe Röstbitter oder Assamar.

Die Temperatur, die notwendig ist, um die eigentliche braune Rinde zu bilden, liegt bei $150-180°$. Freilich ist sie dann noch wenig hart und nimmt an Dicke und dunkler Farbe erst bei höheren Hitzegraden oder längerer Einwirkung zu. Daher ist es dem Bäcker möglich, je nach Bedarf dem Brote die Kruste zu geben, die gewünscht wird, besonders wenn es ihm freigestellt ist, die Brote „freigeschoben" oder in zusammengesetzten Reihen zu erbacken.

Damit das Brot gut ausgebacken wird, ist für 2 kg schwere Roggenbrote eine Temperatur von etwa $270-300°$ und für Weizenbrote eine solche von $250-270°$ bei 1 Stunde Backzeit erforderlich. Kleingebäck braucht nur $210-230°$, Soldatenbrot von 3 kg bei $250°$ etwa 2 Stunden, Pumpernickel bei $180°$ $12-24$ Stunden.

Die Innentemperatur der Brote steigt nie über $100°$. Meist beträgt sie nur $94-95°$. Das ist insofern sehr wichtig, als bei dieser Wärme wohl Zustandsänderungen, aber keine Zersetzungen des Eiweißes und der Kohlenhydrate vor sich gehen können. Allerdings reicht die Temperatur aber auch nicht aus, die sporentragenden Bazillen abzutöten, die gelegentlich zur Erscheinung des fadenziehenden Brotes (Verwandlung der Stärke in gummiähnliche Masse) Veranlassung geben.

Wird das fertige Brot aus dem Ofen herausgenommen, so findet eine nochmalige Benetzung mit Wasser statt, damit die Rinde nicht rissig wird und der Glanz erhalten bleibt. Die Abkühlung erfolgt zunächst im warmen, später im abgekühlten Raum.

Ähnlich wie bei der Teigbereitung, so hängt auch beim Backprozeß zur Erzielung einer genügenden Ausbeute und Güte des Brotes zwar das meiste von der technischen Bearbeitung und der Kunst der Zubereitung ab, aber sehr wesentlich ist auch dabei die Backfähigkeit des Mehles beteiligt.

Man weiß, daß die Backfähigkeit mit den Eigenschaftsveränderungen der Kohlenhydrate und des Klebereiweißes im innigsten Zusammenhange steht, es ist aber analytisch-chemisch noch nicht gelungen, die Kennzeichen festzulegen, nach denen ein Mehl schlecht oder gut backfähig genannt werden kann. Daher ist auch der Backversuch für jedes Mehl bis jetzt allein das Entscheidende gewesen. Leider beansprucht derselbe viel Zeit, ist umständlich und gibt auch nur in der Hand des Geübten praktisch sichere Anhaltspunkte, ohne daß dieselben — und das wäre doch das Wichtigste — auf eine zweite Mehlprobe quantitativ übertragen werden können.

Es ist daher sehr zu begrüßen, daß neuerdings das Problem der Backfähigkeit, wie auch der Teiggärung vom physikalischchemischen Standpunkte aus in Angriff genommen ist.

Wo. Ostwald und Lüers haben zunächst mit Hilfe der viskosimetrischen Methode das Klebereiweiß untersucht und gefunden, daß der Quellungsgrad der Kleberproteine, vornehmlich des Gliadins, von großer Bedeutung für die Backfähigkeit des Mehles und damit für die Güte des Gebäckes ist. Der Quellungsgrad ist abhängig von dem Mengenverhältnis der im Teige vorhandenen Wasserstoffionen und gleichzeitig vorhandener Neutralsalze. Roggen- und Weizengliadin verhalten sich hierin gleich.

Weitere aufklärende Ergebnisse sind zu erwarten, so daß auf Unterlagen gehofft werden darf, die gestatten, ein Mehl allein durch kolloidchemische Ermittlung von vornherein als backfähig oder nicht backfähig zu erklären.

4. Die Zusammensetzung und die Beschaffenheit des Brotes.

Bei der Bearbeitung des Mehles zu Brot treten hauptsächlich durch den Wasserzusatz beim Einteigen, aber auch durch den Gär- und Backprozeß weitgehende Veränderungen auf, die in der chemischen Zusammensetzung des Brotes sichtbaren Ausdruck finden.

	Mittelfeines		Mittelfeines	
	Weizenmehl	Roggenmehl	Weizenbrot	Roggenbrot
Wasser	14,2	14,0	42,2	44,0
Eiweiß	11,5	11,0	6,8	6,1
Fett	1,4	2,0	0,5	0,6
Kohlenhydrate	71,5	70,0	49,0	47,0
Rohfaser	0,6	1,5	0,5	0,9
Asche	0,8	1,5	1,0	1,4

Man kann aus vorstehendem Beispiele ohne weiteres ersehen, daß der Wassergehalt im Brote gegenüber den Mehlen auf das Dreifache gestiegen ist, der Eiweißgehalt auf etwa die Hälfte heruntergeht und der Kohlenhydratgehalt sich rund auf zwei Drittel vermindert hat. Anscheinend sinkt also der Nährwert des Brotes im Vergleich zum Mehl.

Diese Auffassung wäre jedoch ein arger Trugschluß, denn der Mensch kann auch das Mehl nicht im pulverigen Originalzustande genießen, sondern muß es erst reichlich mit Wasser zu einer genußfähigen Mehlspeise, Suppe od. dgl. verarbeiten, wobei die Nährstoffe ebenfalls relativ verringert werden.

Das Brot hat im Gegenteil vor dem Mehl voraus, daß es ohne jede Vorbereitung und ohne jeden Zusatz als Nahrungsmittel dient, daß es die Stärke in aufgeschlossener, verdaulicher Form enthält und ohne Widerwillen in viel größerer Menge pro Tag aufgenommen werden kann, als dies bei Mehlspeisen der Fall sein würde.

Wie schon aus den oben angeführten Zahlen hervorgeht, ist die Zusammensetzung der Brote nicht gleich. Wir treffen im Gegenteil gerade bei ihnen die verschiedensten Abweichungen, und es ist dies auch verständlich, wenn man bedenkt, daß das Mehl je nach seinem Ausmahlungsgrade, dem Wassergehalt, dem Eiweißgehalt, dem Mineralstoff- und Rohfasergehalt variiert. Wenn in manchen Broten eine etwas geringere Nährstoffmenge angetroffen wird als üblich, so spielt dies bei dem täglichen Nahrungsquantum keine überragende Rolle, weil ein Zuwenig an Nährstoffgehalt leicht durch eine geringe Erhöhung der Brotmenge kompensiert werden kann. Die Verminderung ist aber doch von Bedeutung, da sie für die Art und Güte des Brotes und für die Beurteilung seines Nährwertes bezeichnend ist.

In der folgenden Tabelle sind eine Reihe von Broten nach ihren Bestandteilen zusammengestellt, die während des Krieges Verwendung fanden und ein gutes Beispiel dafür bilden, wie groß die Variationen in der Zusammensetzung sind. Unter diesen vom Verf. untersuchten Broten befinden sich außer Weiß- und Schwarzbroten auch die bekannten K-(Kriegs)brote, Kommißbrote, Pumpernickel, sodann das sog. „Kölner" Brot, ein aus Gerste, Mais und Reis hergestelltes Gebäck, ein Blutbrot aus Roggenkleie und Blut und ein sog. Strohmehlbrot, mit 20% Strohmehlgehalt. Gerade das letztere zeigt, zu welchen Extremen man schließlich gelangen kann. Es mag aber dabei gleich bemerkt werden, daß dieses Brot für die menschliche Ernährung vollkommen ungeeignet, ja bedenklich ist.

	Wasser	Eiweiß	Fett	Kohlenhydrate	Roh-Faser	Asche	Säure	Kalorien
1. Weizenbrot 70% .	39,3	8,07	0,28	51,22	0,24	0,89	1,9	246
2. Weizenbrot 80% .	41,6	7,46	0,37	48,99	0,60	0,98	4,6	235
3. Roggenbrot 80% .	37,9	6,19	0,37	53,49	0,91	1,14	10,0	248
4. Kommißbrot . . .	42,6	7,13	0,47	47,29	1,30	1,21	8,6	227
5. K-Brot (Feinbrot) .	39,9	7,25	0,26	50,91	0,79	0,89	5,4	241
6. K-Brot (Schwarzbrot)	40,4	6,05	0,36	49,99	1,74	1,36	7,8	233
7. Rheinisches Schrotbrot	41,9	6,10	0,54	49,54	0,85	1,07	8,0	233
8. Pumpernickel . . .	42,0	6,49	0,59	48,33	1,39	1,20	8,2	244
9. „Kölner" Brot . .	44,1	6,55	0,26	46,63	1,21	1,25	6,5	220
10. Blutbrot	34,5	9,63	0,57	52,96	1,06	1,28	2,8	261
11. Strohmehlbrot . .	49,7	3,87	0,28	40,95	3,82	1,38	9,8	186

Der Durchschnittsgehalt dieser Brotsorten beträgt demnach: Wasser 41%, Eiweiß 6,6%, Kohlenhydrate 48,8%, Rohfaser 0,84%, Asche 1,16%, Säuregehalt 7%, Kalorien 233[1]).

[1]) Das Strohmehlbrot ist hier beiseite gelassen, weil dessen Werte so abweichend sind, daß, wenn man sie mit einbeziehen wollte, die Durchschnittszahlen ein falsches Bild ergeben würden.

Um den jeweiligen Unterschied der verschiedenen Brote noch deutlicher zum Ausdruck zu bringen, sind sie in nachstehender Tabelle nach ihrem Gehalt an Wasser, Eiweiß, Fett, Kohlenhydraten, Rohfaser, Asche, Säuregehalt und Kalorien geordnet worden.

Gruppierung der Brote nach der Größe ihres Prozentgehaltes an Wasser, Eiweiß, Fett, Kohlenhydraten, Rohfaser, Asche, Säure und Kalorien.

1. Nach dem Wassergehalt

Blutbrot 34,5
Roggenbrot (80%) 37,9
Weizenbrot (70%) 39,3
K-Brot (Feinbrot) 39,9
K-Brot (Schwarzbrot) . . 40,4
Weizenbrot (80%) 41,6
Schrotbrot 41,9
Pumpernickel 42,0
Kommißbrot 42,6
„Kölner“ Brot 44,1
Strohmehlbrot 49,7

2. Nach dem Eiweißgehalt

Strohmehlbrot (20%) . . . 3,87
K-Brot (Schwarzbrot) . . . 6,05
Schrotbrot 6,10
Roggenbrot (80%) 6,19
Pumpernickel 6,49
„Kölner“ Brot 6,55
Kommißbrot 7,13
K-Brot (Feinbrot) 7,25
Weizenbrot (80%) 7,46
Weizenbrot (70%) 8,07
Blutbrot 9,63

3. Nach dem Fettgehalt

„Kölner“ Brot 0,26
K-Brot (Feinbrot) 0,26
Weizenbrot (70%) 0,28
Strohmehlbrot (20%) . . . 0,28
K-Brot (Schwarzbrot) . . 0,36
Weizenbrot (80%) 0,37
Roggenbrot (80%) 0,37
Kommißbrot 0,47
Schrotbrot 0,54
Blutbrot 0,57
Pumpernickel 0,59

4. Nach dem Kohlenhydratgehalt

Strohmehlbrot (20%) . . . 40,95
„Kölner“ Brot 46,63
Kommißbrot 47,29
Pumpernickel 48,33
Weizenbrot (80%) 48,99
Schrotbrot 49,54
K-Brot (Schwarzbrot) . . 49,99
K-Brot (Feinbrot) 50,91
Weizenbrot (70%) 51,22
Blutbrot 52,96
Roggenbrot (80%) 53,49

5. Nach dem Rohfasergehalt

Weizenbrot (70%) 0,24
Weizenbrot (80%) 0,60
K-Brot (Feinbrot) 0,79
Schrotbrot 0,85
Roggenbrot (80%) 0,91
Blutbrot 1,06
„Kölner“ Brot 1,21
Kommißbrot 1,30
Pumpernickel 1,39
K-Brot (Schwarzbrot) . . 1,74
Strohmehlbrot (20%) . . . 3,82

6. Nach dem Aschengehalt

Weizenbrot (70%) 0,89
K-Brot (Feinbrot) 0,89
Weizenbrot (80%) 0,98
Schrotbrot 1,07
Roggenbrot (80%) 1,14
Pumpernickel 1,20
Kommißbrot 1,21
„Kölner“ Brot 1,25
Blutbrot 1,28
K-Brot (Schwarzbrot) . . 1,36
Strohmehlbrot (20%) . . . 1,38

7. Nach dem Säuregehalt.		8. Nach dem Kaloriengehalt.	
Weizenbrot (70%)	1,8	Strohmehlbrot	186,36
Blutbrot	2,8	„Kölner" Brot	220,45
Weizenbrot (80%)	4,6	Kommißbrot	227,49
K-Brot (Feinbrot)	5,4	K-Brot (Schwarzbrot)	233,11
„Kölner" Brot	6,5	Schrotbrot	233,15
K-Brot (Schwarzbrot)	7,8	Weizenbrot (80%)	234,89
Pumpernickel	8,2	K-Brot (Feinbrot)	240,87
Schrotbrot	8,0	Pumpernickel	243,94
Kommißbrot	8,6	Weizenbrot (70%)	245,69
Roggenbrot (80%)	10,0	Roggenbrot (80%)	248,13
Strohmehlbrot (20%)	11,2	Blutbrot	261,92

Hieraus erkennt man, daß in den gewöhnlichen käuflichen Broten — das Strohmehlbrot ist auch hier ausgeschaltet — die einzelnen Bestandteile erheblichen Schwankungen unterworfen sind, die aber trotzdem als normal gelten können.

Der Wassergehalt	schwankt zwischen	34,5	und	44,1 %
„ Eiweißgehalt	„	6,05	„	9,63%
„ Fettgehalt	„	0,26	„	0,59%
„ Kohlenhydratgehalt	„	46,63	„	53,49%
„ Rohfasergehalt	„	0,24	„	1,74%
„ Aschegehalt	„	0,89	„	1,36%
„ Säuregehalt	„	1,8	„	10°
„ Kaloriengehalt	„	220	„	261

Die Wertschätzung eines Brotes gründet sich bekanntlich in ernährungsphysiologischer Beziehung auf eine größtmöglichste Menge an Eiweiß und Kohlenhydraten und damit auch an Kalorien. Dagegen sinkt der Wert bei zu hohem Wassergehalt, zu hohem Rohfasergehalt, zu hohem Säuregehalt. Auch einem sehr hohen Aschegehalt begegnet man skeptisch, weil daraus die Anwesenheit großer, die Verdauung beeinflussender Zellulosemengen hervorgeht. Der Fettgehalt spielt eine weniger wichtige Rolle, da die Menge im Brot stets nur gering ist.

Übertragen wir diese Erkenntnis auf die vorliegenden Brote, so schneiden die Weizenbrote am besten ab. Sie stehen in bezug auf ihren Eiweißgehalt obenan, auch nimmt das Weizenbrot mit zu 70% ausgemahlenem Mehle hinsichtlich der Kohlenhydrate und des Kaloriengehaltes mit die erste Stelle ein. Schrotbrot, Pumpernickel und auch Kommißbrot zeigen die weniger günstigen Eigenschaften in erhöhtem Maße, nämlich einen

höheren Wassergehalt, hohen Rohfasergehalt und hohen Säuregehalt. Damit ist aber nicht gesagt, daß sie im Geschmack und
der Bekömmlichkeit dem Weißbrot nachstehen müßten. Zudem
ist ihr Kohlenhydratgehalt nicht wesentlich geringer als beim
Weizenbrot; auch der Eiweißgehalt bewegt sich in mittlerer Höhe.
Allerdings sinkt der Nährwert dadurch, daß — besonders beim
Pumpernickel, dem K-Brot (Schwarzbrot) und dem Kommißbrot — der Rohfasergehalt, von dem wir wissen, daß er die Ausnützung beeinflußt, sehr hoch ist.

Etwa in der Mitte steht das Roggenbrot aus Mehl zu 80%
ausgemahlen, der Typus des „guten Hausbrotes" der Friedens-
zeit. Es zeigt einen sehr befriedigenden Wassergehalt, Eiweißgehalt, Fett-, Rohfaser- und Aschegehalt und außerdem ist sein
Kohlenhydrat- und Kaloriengehalt sehr hoch.

Alle die genannten Brotsorten weichen also nicht von der
üblichen Norm ab. Ein typischer Beleg dafür aber, wie ein Brot
nicht sein soll, ist im Gegensatz hierzu z. B. das Strohmehlbrot. Es hat den höchsten Wassergehalt, den höchsten Rohfasergehalt, den höchsten Aschegehalt und den höchsten Säuregehalt und anderseits enthält es am wenigsten Eiweiß, am wenigsten Kohlenhydrate und am wenigsten Kalorien. Demnach ist
alles, was den Wert des Brotes nach Nährstoff und Güte bedingt,
im Strohmehlbrot nur in sehr geringer Menge vorhanden, die
Bestandteile aber, die den Wert des Brotes herabmindern, treffen
wir in überreichem Maße an. So sind z. B. die unverdaulichen
Zellulosestoffe in so grotesker Menge (3,82%) darin, daß das Gebäck keinen Anspruch auf „Brot" mehr machen kann.

Wie weit bei den Bestandteilen des Brotes die Grenzen nach
oben und unten gezogen werden dürfen, darüber gibt es keine
bestimmten Vorschriften. Aber man hat doch durch Untersuchung von Tausenden von Broten festgestellt, innerhalb welcher
Breite die Werte schwanken und daraus gewisse Richtlinien ent-
nommen.

Vor allen Dingen ist es nötig, den Wassergehalt in bestimmten Grenzen zu halten, weil dieser dem Brot sein charakteristisches Gepräge gibt und den großen Regulator darstellt,
nach dem sich die im Brot vorhandenen andern Bestandteile bis
zu einem gewissen Grade richten müssen oder abhängig sind.
Besonders sieht 'man, wenn der Wassergehalt steigt, die Menge

der Kohlenhydrate sinken. Auch Eiweiß und Fett werden in Mitleidenschaft gezogen, aber nicht in so ausgesprochenem Maße.

Ferner darf der Säuregehalt nicht überhandnehmen, wenn das Brot nicht unbekömmlich werden soll, und die Rohfaser verschlechtert die Ausnützung, je mehr das Brot davon enthält.

Weniger wichtig sind Grenzzahlen für die Mineralstoffe (Salze) und das Fett, da ein Zuviel keinen Schaden stiften kann; höhere Fettmengen könnten nur nützen.

Während beim Wasser, der Rohfaser und dem Säuregehalt Höchstzahlen die Richtlinien bilden, müssen beim Eiweiß und den Kohlenhydraten Mindestzahlen vor Entwertung des Brotes schützen. Letztere einzuhalten ist allerdings insofern schwierig, als sie fast ganz abhängig vom verwendeten Mehle sind, und falls dasselbe zu geringe Mengen davon enthält, so muß man das Unzulängliche mit in Kauf nehmen. Steigen Eiweiß und Kohlenhydrate sehr hoch, so ist es für das Brot nur vorteilhaft.

Die zahlreichen Untersuchungen über Wassergehalt des Brotes haben die verschiedensten Werte ergeben. Herrmann prüfte 175 Brote und fand einen Gehalt von 42, 50—49, 20% (Mittel: 45,8%); Verf. ermittelte bei 22 Broten 38,2—46,7%; Schellbach errechnete bei 50 Broten 45% Feuchtigkeit. Da der Wassergehalt der Krume des Brotes abhängig ist von der Feuchtigkeit des Teiges und diese normalerweise nach M. P. Neumann 43—47% ausmacht, da andererseits beim Backprozeß nur in der Krume 2% verloren gehen, so müßte das fertige Brot etwa 45% Wasser aufweisen. Eine Höchstmenge von 46—47% wäre technisch immer erreichbar und es sollte auch nicht überschritten werden.

Eine beträchtliche Veränderung erleidet der Wassergehalt in der Rinde des Brotes. Von der Gesamtfeuchtigkeit der Rinde und Krume entfällt auf die Rinde nur 10—20%, während der Anteil der Krume 80—90% beträgt. Will man den Wassergehalt des Brotes im Ganzen bestimmen, so muß Rinde und Krume analysiert werden.

Je wasserärmer die Rinde bzw. Kruste wird, desto härter fällt sie aus. Sie darf aber dabei einer genügenden Elastizität und Lockerheit nicht entbehren, damit die Geschmacksforderung, die man an eine tadellose Brotrinde stellt, gewährleistet ist.

Im Gegensatz zu der stark entwässerten und harten Rinde steht die wasserreiche und weiche Krume, deren Feuchtigkeit beinahe die Hälfte des Brotgewichtes ausmacht. Ist die Krume noch wasserreicher, dann wird sie klebrig und ändert auch ihre Beschaffenheit nicht mehr, wenn das Brot mehrere Tage gelegen hat. Sie soll aber von vornherein luftig und locker sein und möglichst viele Poren enthalten.

Man kann den Lockerungsgrad quantitativ festlegen und zwar entweder dadurch, daß man die Luftdurchlässigkeit oder die Wasseraufnahmefähigkeit bestimmt oder das sog. Porenvolumen, d. h. die Luftmenge, die in 100 Raumteilen Krume vorhanden ist, ermittelt. Die Prüfung des Porenvolumens gibt dann zwar über die Gesamtluftmenge im Brot Auskunft, sagt aber nichts darüber aus, ob kleinere oder größere Hohlräume vorhanden sind bzw. wie die Luft verteilt ist. Da nun aber gerade die Vollkommenheit eines Gebäckes darin gipfelt, daß die gesamte Krumenmasse mit gleichmäßigen kleinen Poren durchsetzt ist, so reichen die Ergebnisse für die Beurteilung der Lockerung nicht ganz aus.

Auch die Bestimmung des Volumens, d. h. des Raumes, den ein Gebäck ausfüllt, vermag Anhaltspunkte über die Lockerung der Krume zu geben, da dieselbe bekanntlich einen um so größeren Raum ausfüllt, je mehr Poren vorhanden sind, aber über die Verteilung weiß sie nichts zu berichten. Nach M. P. Neumann sollen Gebäcke aus 100 g Roggenmehl im allgemeinen 300 ccm, aus 100 g Weizenmehl 400 ccm Raum nicht überschreiten.

Im übrigen hat der Zustand und die gleichmäßige Verteilung der Poren im Brot für die Verdauung desselben die größte Bedeutung, da bei genügender Lockerung der Krume die Verdauungssäfte besser eindringen können, als wenn die Krume klebrig und derb, d. h. wenn das Brot nicht sachgemäß ausgebacken ist.

5. Die Säure des Brotes.

Jedes Gebäck aus Mehl, und sei es auch die weißeste Semmel, enthält eine gewisse Menge Säure. Diese rührt einmal daher, daß das normale Mehl schon an sich einen sauren Charakter hat und anderseits, daß die Säure unter dem Einfluß von säureproduzierenden Bakterien während des Gärungsprozesses entsteht. Dabei bildet sich Milchsäure, Essigsäure und Spuren anderer Säuren, je nach der Qualität und der Menge der

Mikroorganismen, während die Kohlensäure im wesentlichen durch die Hefe hervorgebracht wird.

Es ist bekannt, daß in angesäuerten Teigen Säurebakterien und Hefen zunächst sich gleichmäßig vermehren, alsbald aber um die Vorherrschaft kämpfen. Läßt man den Teig längere Zeit unberührt stehen, dann reichern sich die Säurebakterien auf Kosten der Hefen mehr und mehr an und machen den Teig immer saurer. Unterstützt man dabei die Hefezellen, indem man in bestimmten Intervallen Mehl und Wasser zugibt, so werden die Säurebakterien zurückgedrängt und die Kohlensäureproduktion wird gefördert.

Man hat es also in der Hand, durch aufmerksame und geschickte Teigführung, die darin besteht, daß alle 4—5 Stunden der Teig „angefrischt" wird, die Säurebildung so zu leiten, wie sie dem Bedarfe entspricht. Früher gehörte dieses „Anfrischen" zur Nachtarbeit des Bäckereibetriebes und zwar mit Recht, da diese Zeit die geeignetste ist, um die verschiedenen „Sauer" fertigzustellen, so daß am Morgen mit dem Backprozeß begonnen werden konnte. Nachdem aber verordnet wurde, daß von abends 7 Uhr bis früh 7 Uhr die Arbeit einzustellen sei, trat eine offensichtliche Verschlechterung der Brotqualität ein. Es ist dies auch ganz erklärlich, da durch das Unterlassen der Anfrischung in der Nacht, den unerwünschten und schädlichen Bakterien die Möglichkeit zu intensiverer Vermehrung gegeben wird und innerhalb von 12 Stunden große Mengen an Säuren gebildet werden. Die in ihrer Entwicklung gehemmten Hefepilze vermögen dann nicht mehr die nötige Menge Kohlensäure zu bilden, und der eingetretenen Übersäuerung ist nicht mehr Einhalt zu tun. Wird dann erst am Morgen die Anfrischung vorgenommen, so ist die Zeit für die Back- und Ofenarbeit zu kurz, es werden die Öfen überheizt und das Brot bäckt nicht mehr aus. Auch Hüppe und M. P. Neumann haben bereits auf diese Mißstände hingewiesen.

Vom hygienischen Standpunkte aus ist es unbedingt notwendig, daß ein so wichtiges Volksnahrungsmittel wie das Brot jede Förderung erfährt, selbst wenn es Unbequemlichkeiten für die Bäckereiangestellten mit sich bringen sollte. Man kann nicht dauernd Brotfehler (zu hohen Säuregrad, Abgebackensein, Rißbildung, Wasserstreifen, ungenügende Lockerung) mit in Kauf nehmen, wenn es sich technisch vermeiden läßt.

Die durch fehlerhaften Sauerteig bedingte Säure, welche zuweilen bis 20° gehen kann, macht das Brot fast unbrauchbar. Es leidet darunter der Geschmack, und Störungen im Magen-Darmkanal sind die unausbleiblichen Folgen, da zu saure Brote die Verdauung ungünstig beeinflussen und auch die Ausnützung des Brotes vermindern. Mehr als 10 Säuregrade sollte auch ein „saures" Schwarzbrot nicht aufweisen.

Unter einem Säuregrad versteht man eine bestimmte Säuremenge, die in 100 g frischem Mehl oder frischer Brotkrume vorhanden ist. Sie wird in einfachster Weise gemessen, indem man die wässerige Mehlaufschwemmung oder den Brotauszug (zerpflückte Brotkrume wird mit heißem Wasser extrahiert) mit Natronlauge neutralisiert. Jeder verbrauchte Kubikzentimeter Natronlauge entspricht einem Säuregrad.

K. B. Lehmann hat, auf viele Versuche gestützt, eine Skala aufgestellt, die gute Anhaltspunkte für den Säuregrad der Brote gibt und den praktischen Verhältnissen Rechnung trägt.

Brote, die „nicht sauer" sind, verbrauchen	1— 2 ccm Normalkali (ebenso das Mehl)
Brote, die „schwach säuerlich" sind, verbrauchen	2— 4 „ „
Brote, die „schwach sauer" sind, verbrauchen	4— 7 „ „
Brote, die „kräftig sauer" sind, verbrauchen	7—10 „ „
Brote, die „stark sauer" sind, verbrauchen	10—15 „ „
Brote, die „äußerst stark sauer" sind, verbrauchen .	15—20 „ „

Hiernach würde man von den oben zusammengestellten Broten das Weizenbrot (70%) — Semmel — zu den „nichtsauren", Weizenbrot (80%) — Weißbrot — und Blutbrot zu den „schwach säuerlichen", K-Brot (Feinbrot) und Kölner Brot zu den „schwach sauren", K-Brot (Schwarzbrot), Schrotbrot, Roggenbrot (80%) und Kommißbrot zu den „kräftig sauren", das Strohmehlbrot zu den „stark sauren" rechnen müssen.

Diese Anordnung entspricht durchaus dem Geschmacksempfinden der Verbraucher. Höchst eigentümlich ist es aber, daß gerade der Säuregehalt ganz verschieden beurteilt wird. Was dem einen säuerlich erscheint, ist für den andern sehr sauer, kräftig saure Brote findet der daran Gewöhnte vielfach kaum oder gar nicht sauer und Weißbrotesser erklären oft schon sehr schwach saure Brote für stark sauer. Bezeichnend für die Schwierigkeit der Säurediagnose im Brot ist z. B. der Fall, bei dem einem Fachmanne ein 10° saures Brot „widerlich süß" schmeckte.

Da ein sachgemäßes Urteil über den Säuregehalt des Brotes auf Grund der Kostproben scheinbar schwer abgegeben werden kann, so müssen auch die Klagen über zu saures Brot mit großer Reserve aufgenommen werden.

Für den Unbefangenen hat jedenfalls ein Schwarzbrot von 6—7 Säuregraden einen angenehmen Geschmack und auch bei 8—9 Graden erleidet der Geschmack noch keinerlei Einbuße; erst bei 10 und mehr Säuregraden tritt die Säure stärker hervor.

Wiewohl bis zu 10 Säuregraden normalerweise kein Einfluß auf den Magen-Darmkanal zu verspüren ist, gibt es doch genug Empfindliche, denen auch schon geringere Säuregrade lästig und unangenehm sind. Man kann daher niemand ein Brot von bestimmtem Säuregehalt aufzwingen, sondern ein jeder muß das wählen, was ihm am besten bekommt.

Neben der oben genannten Methode des Säurenachweises gibt es auch noch andere Verfahren, die sich aber alle schließlich der Titration mit Natronlauge bedienen. Neuerdings ist von Th. Paul der Vorschlag gemacht worden, den Säuregrad des Brotes auszudrücken durch die Zahl, welche angibt, wieviel Milligramm Ion (mg-Ion) Wasserstoffion (H') in 1 Liter Lösung enthalten sind, die aus 200 g Brot unter bestimmten Bedingungen hergestellt sind. Die Säuregradbestimmung erfolgt durch Zuckerinversion durch den von Paul konstruierten Thermostaten zur Polarisation. Es wurde ermittelt, daß der Säuregrad der Brote stets noch unter 0,1 mg-Ion H' gelegen hat.

6. Der Begriff der Bekömmlichkeit und der Verdaulichkeit des Brotes.

Bekömmlichkeit und Verdaulichkeit von Speisen, hier speziell des Brotes, werden sehr häufig miteinander verwechselt, es sind aber zwei ganz getrennte Dinge, denn die erste ist meist erst die Folge der zweiten.

Die Bekömmlichkeit ist als ein Zustand zu betrachten, der eintritt, wenn Nahrungsmittel irgendwelcher Art den Magen-Darmkanal symptomlos passieren. Also z. B. bei Brot, wenn keine üblen Sensationen, keine Magenbeschwerden und keine Darmreizungen ausgelöst werden. Die Bekömmlichkeit ist also nicht dasselbe wie eine gute Verdauung. Zur Bekömmlichkeit gehört noch mehr als diese. Viele hartgesottene Eier werden sehr gut verdaut, brauchen aber noch lange nicht gut bekömmlich zu sein (da sie meist Magendrücken verursachen). Es kann unter Umständen die Bekömmlichkeit mit der Verdauung nur in sehr losem Zusammenhange stehen oder braucht noch gar nichts mit ihr zu tun zu haben. So wird z. B. Lebertran von vielen Kindern wegen des schlechten Geschmacks nicht vertragen; sie brechen ihn wieder aus, ein Beweis, daß er für sie unbekömmlich ist, obwohl die Verdauung dabei nicht mitgespielt hat.

Die Eigenschaften, die das Brot unbekömmlich machen können, sind sehr verschiedener Natur. Ein unansehnliches oder zweifelhaftes Äußere (schwarzes Blutbrot), ein dumpfiger Geruch (Schimmelpilzwucherung), ein bitterer (fadenziehende Bakterienwucherung), fader (Diabetikerbrot), dumpfiger (dumpfiges Mehl), saurer (zu hoher Säuregrad) Geschmack, zu große Nässe der Krume, Schliffigkeit, Unausgebackensein können bereits unangenehme Sensationen im Gefühlszentrum auslösen. Weiter vermögen, wenn man die Bekömmlichkeit mit „Ertragbarkeit" identifizieren will, dem Brot zugesetzte Ersatzstoffe (Strohmehl, grobe Kleie) oder auch zu saures Brot Unbekömmlichkeiten im Magen verursachen, weil sie nicht vertragen werden (Aufstoßen, Magendrücken, Beklemmungen). Ferner können im Darm Störungen auftreten, die als Unbekömmlichkeit zu bezeichnen sind, wenn durch die Verdauung zu viele Gase entwickelt werden, die starke Blähungen verursachen oder wenn infolge der Beschaffenheit des Brotes zu große Kotmassen gebildet werden. Endlich ist auch das ein unbekömmliches Brot, welches Reizerscheinungen im Darm hervorbringt (Spelzmehlbrot, Strohmehlbrot, sog. Hungerbrote mit reichlichem Zellulosegehalt).

Alle diese Symptome treten aber nicht bei jedem einzelnen auf, der etwa ein fehlerhaftes Brot genießt. Es gibt hier die merkwürdigsten Gegensätze. Was dem einen zusagt, ist für den andern unter Umständen nachteilig. Mancher kann täglich gewaltige Mengen groben Schrotbrotes oder Pumpernickel ohne Störung genießen, während andere durch eine Schnitte zu sauren Brotes bereits ihren Magen beleidigen.

Infolge dieser Verschiedenheiten in der Organisation des Organismus, auch infolge der Verschiedenheit der Gewohnheiten, der Eßsitten, des ästhetischen Gefühles, auch der Lebensweise, der Empfindlichkeit und Auffassung lassen sich Klagen über Unbekömmlichkeiten des Brotes nicht immer eindeutig verwerten und sind auch nicht selten übertrieben.

Ob ein Brot an sich unbekömmlich ist, kann nicht durch eine kleine Probe, auch nicht durch eine Person entschieden werden, sondern es müssen sich daran verschiedene Leute beteiligen, die — am besten längere Zeit — größere Mengen genießen.

Während zur Fassung des Begriffes „Bekömmlichkeit" Erscheinungen herangezogen werden müssen, die vielfach quantitativ nicht faßbar sind, wie z. B. Unbehagen, Aufstoßen, psychische Eindrücke, Magendrücken, Reizerscheinungen, Blähungen, so können wir den Begriff „Verdaulichkeit" des Brotes besser umgrenzen, wir vermögen die Verdaulichkeit des Brotes sogar exakt zu messen. Die Verdaulichkeit ist gleichbedeutend mit der Ausnützung, und da wir das von einer Nahrung, was nicht ausgenützt wird, von dem ausgenützten oder verdauten Anteil sehr wohl zu scheiden wissen, so wird die Verdaulichkeit für uns ein faßbarer Begriff.

Spricht man von der Verdaulichkeit des Brotes, so kennzeichnet man damit, daß ein bekannter Anteil desselben vom Organismus resorbiert und assimiliert wurde. Wie groß der Anteil ist, läßt sich aus den Einnahmen und Ausgaben ermitteln. Ist er groß, dann wird das Brot gut verdaulich gewesen sein (nicht: bekömmlich), ist er klein, dann haben wir es mit einer geringen Verdaulichkeit zu tun.

Die Verdaulichkeit des Brotes kann entweder von seinen Bestandteilen abhängig sein oder von der betreffenden Person. Zellulosereiche Substanzen im Brot werden weniger verdaulich sein als zellulosefreie, z. B. Zucker, weil eben die Zellulose durch die Verdauungssäfte kaum angegriffen wird. Ein Gesunder wird besser verdauen als ein Kranker, weil dessen Verdauungsorgane nicht intakt sind.

Die Stärke im Brot ist fast ganz verdaulich, ebenso wird das Fett vollständig aufgenommen. Das Eiweiß bis zwei Drittel oder vier Fünftel. Die zellreichen Substanzen werden jedoch im allgemeinen schlecht verwertet. Je zahlreicher und je gröber sie sind, desto mehr bleibt unverdaut zurück.

7. Das Kauen des Brotes.

Von verschiedenen Seiten wird darauf hingewiesen, daß für die Verdauung des Brotes der Kauakt eine ausschlaggebende Rolle spiele, ja man behauptet sogar, daß durch Kauen Nahrung gespart würde. Derartige Anschauungen sind natürlich ganz übertrieben und halten keiner wissenschaftlichen Beweisführung Stand. Das alte Sprichwort „Gut gekaut ist halb verdaut" hat zweifellos viel Wahres an sich, da ein genügendes Zerkleinern der Speisen im Munde den Speisebrei zur Verdauung vorbereiten hilft, aber mehr Nahrung wird dadurch nicht geliefert.

Die Lehre von der guten Wirkung des Kauens — die an sich gar nicht neu ist — trat in den Vordergrund, als Horace Fletscher als Leitmotiv die Devise aufstellte: „Iß wenig und kaue gut." Er kam zu dieser Auffassung, nachdem er etwa mit 44 Jahren durch unzweckmäßige und luxuriöse Lebensweise physisch zusammengebrochen war und nun in einfacher Lebensführung sein Heil suchte.

Wie in vielen solchen Fällen, in denen eine alte Wahrheit in geschickter Weise propagiert, Anhänger findet, haben sich später viele das „Fletschern" zu eigen gemacht und verkünden nun das Evangelium weiter, wobei sie leider ins Extrem verfallen. Wenn z. B. während des Krieges von Kersting die Behauptungen aufgestellt wurden, daß wir durch systematisches Kauen etwa „mit der halben Menge unserer „jetzigen" (nämlich noch dazu Kriegsnahrung) gut auskommen könnten", daß „das Kauen das Allheilmittel für die Menschheit sei", daß es „die Aushungerungspläne der Feinde zuschanden mache", daß es „die Brot- und Fleischkarten und die Höchstpreise überflüssig mache", daß es „Krankheiten und Verbrechen gegen Leben und Gut verhüte" und noch anderes mehr, so kann man das — gelinde gesagt — nur phantastisch nennen. Oder wenn nach v. Borosini 30 Bissen Brot, die auf epikuräischem Wege (d. h. zu jedem Bissen gehören danach 50—100 Mundbewegungen) im Munde aufgelöst, genügen sollen, für einen kräftigen Mann als Nahrung für 24 Stunden zu dienen, der andere Weg (das normale Essen) aber „menschenunwürdige Gefräßigkeit" sein soll, so bleibt es unklar, wie v. Borosini diese Ernährungsart physiologisch begründen will.

Solche unbewiesenen Behauptungen können der guten Sache nur schaden. Es wird dadurch auch der Eindruck erweckt, als könne die Ausnützung des Brotes durch längeres Kauen befördert werden. Das ist aber ebenfalls ganz ausgeschlossen. Für die Ausnützung des Brotes im Organismus ist allerdings der Feinheitsgrad von Bedeutung, aber das hat auch seine Grenzen.

Denn wenn das Mahlgut einen bestimmten Grad der Feinheit erlangt hat, sind auch die Zähne nicht mehr imstande, es feiner zu zerreiben. Findet aber dennoch bei dem so zerkleinerten Material eine etwas bessere Verdauung statt, so ist der Erfolg — wie Rubner zeigte — nicht auf den Mahlprozeß der Zähne zurückzuführen, sondern darauf, daß die Zellmembranen teilweise in Lösung gehen. „Es sei daher durch das Kauen nicht mehr zu gewinnen und es gehe nur die Zeit unnütz verloren." Auch nach Cohnheims Versuchen ist es ganz gleichgültig, ob man fletschert oder nicht.

Es kann eben das Kauen nur einen Teil der Kohlenhydrate durch reichliches Einspeicheln in Zucker überführen und deren Verdauung erleichtern, aber eine bessere Ausnützung kommt dadurch nicht zustande.

8. Die Veränderungen des Brotes: Gewichtsabnahme, Altbackenwerden und Brotfehler (Brotkrankheiten).

Sobald das Brot aus dem Backofen kommt, tritt bereits der erste Wasserverlust auf, den man als „Auskühlungsverlust" bezeichnet und der innerhalb zweier Stunden ungefähr 0,4—0,7% beträgt. Die Gewichtsabnahme macht dann weitere Fortschritte, sie ist aber sehr verschieden, je nachdem das Brot klein oder groß, freigeschoben oder als Kastenbrot gebacken, mit scharf gebackener Rinde oder mit weicher Rinde versehen ist. Und außerdem spielen sowohl die Aufbewahrung, ob in einem kühlen oder wärmeren Raum, als auch die Art und Zusammensetzung eine Rolle.

Nach M. P. Neumann gehen beim Aufbewahren eines zwei Kilo schweren Roggenbrotes nach den ersten 24 Stunden 1,18%, nach 2 Tagen 2,19%, nach 3 Tagen 3,15% zum Verlust. Nach 6 Tagen sind es 6,13%, nach 9 Tagen 8,38%, nach 12 Tagen 10,24%, nach 15 Tagen 11,82%, nach 18 Tagen 13,51%, nach 21 Tagen 16,35%, nach 27 Tagen 17,49%. Untersuchungen des Verf., die an Roggen -und Weizenmischbroten (Rolandbrot) ausgeführt wurden, ergaben nach 4 Tagen 1,9%, nach 7 Tagen 3,4%, nach 10 Tagen 6,5%, nach 15 Tagen 9,7%, nach 22 Tagen 13,4%, nach 27 Tagen 15,3%, nach 33 Tagen 16,8%, nach 51 Tagen 23,4% Verlust. Rechnet man die nach den drei ersten Tagen auftretenden 2,5—3% Verluste hinzu, so stimmen die Zahlen mit den beim Roggenbrot gefundenen gut überein. Das Weißbrot verhält sich in dieser Beziehung ganz ähnlich.

Für die Praxis geht daraus hervor, daß die Verluste bis zum 3.—4. Tage sich überall ziemlich gleich verhalten und mit etwa 3% zu bewerten sind. Das macht für ein Vierpfundbrot schon 60 g aus, eine Menge, die beim Käufer das Gefühl der Übervorteilung und eines absichtlichen Untergewichts hervorrufen könnte. Eine Reklamation wäre aber ungerechtfertigt und unbegründet.

Je länger ein Brot aufbewahrt wird, desto mehr verändert es seine äußeren Eigenschaften. Es wird altbacken. Man bemerkt, daß die Kruste weicher wird und ihre Sprödigkeit verliert, indem sie von außen und aus dem Innern des Brotes Wasser anzieht. Die Beschaffenheit ist dann zäh und lederartig. Die Krume verliert im Gegensatz dazu ihre Elastizität und Plastizität und wird härter, beim Brechen des Brotes erscheint sie krümelig und sehr trocken, und es macht den Eindruck, als ob sie im Munde beim Kauakt nur schwierig sich durchspeicheln ließe. Der Geschmack hat erheblich gelitten, er ist fade und sandiger geworden.

In physikalischer Beziehung hat sich das altbackene Brot insofern verändert, als das Porenvolumen zugenommen hat, das Gesamtvolumen und die Quellbarkeit zeigen eine Abnahme, die extrahierbaren, zuckerähnlichen Stoffe haben sich ebenfalls vermindert. Eigentümlich ist es, daß das altbackene Brot, wenn der Wassergehalt nicht unter 30% gesunken ist, durch kurzes Erhitzen wieder aufgefrischt, d. h. in den früheren Zustand zurückgeführt werden kann.

Über alle diese Zustandsveränderungen ist man sich noch nicht im Klaren. Die analytische Chemie konnte nur zeigen, daß zwischen dem frischen und dem altbackenen Brote kaum Unterschiede vorhanden sind. Weiter konnte sie die Erkenntnis bisher nicht fördern. Sicher ist aber, daß der Wasserverlust, das einfache Austrocknen, nicht daran schuld ist.

Nach der Ansicht von Wo. Ostwald ist das Altbackenwerden auf typische kolloidchemische Zustandsveränderungen des Stärkekleisters zurückzuführen, während das Eiweiß des Brotes erst in zweiter Linie beteiligt ist. Die Zustandsveränderungen des Stärkekleisters, der in kolloidchemischem Sinne eine Gallerte darstellt, werden als Synäresis bezeichnet. Sie äußert sich darin, „daß Gallerte im Laufe der Zeit freiwillig ein Serum auspreßt und anderseits eine Strukturveränderung erleidet, die im Sinne einer Teilchenvergrößerung und einer Verschiebung der Teilchen verläuft."

Es spricht alles dafür, daß die bisher unaufgeklärten Erscheinungen im altbackenen Brote sehr enge Beziehungen zu diesen Vorgängen haben. Weitere Forschungen sind aber noch notwendig.

Unter „Brotfehlern" versteht man Abweichungen vom normalen Brot, die sich aus unsachgemäßer Teigführung oder unzulänglichem Backprozeß ergeben. Dazu gehören in erster Linie die Wasserstreifen. Sie zeigen sich dann, wenn die genügende Lockerung der Krume fehlt. Sodann das Abbacken der Kruste von der Krume, das mit den Wasserstreifen vielfach Hand in Hand geht. Es ist gewöhnlich zurückzuführen auf unreife oder zu alte Teige. Ferner das Krümeln des Brotes beim Schneiden. Hier war die Säurebildung zu gering und die Stärke wurde nicht genügend verkleistert. Weiterhin die Rißbildung in der Krume, gewöhnlich senkrecht durch das Brot hindurch, wofür zu feste Teige verantwortlich gemacht werden. Auch kann das Aufreißen und die Blasenbildung der Rinde unangenehme Fehler darstellen, die durch richtige Feuchtigkeitsverteilung im Ofen und durch nicht zu große Hitze ausgeschaltet werden können. Teilweise ist auch die Teigführung schuld. Endlich sind auch noch zu nennen die zu sauren Brote, die ebenfalls durch falsche Teigführung entstehen.

Alle diese Brotfehler müssen zwar als sehr unerwünscht und fatal bezeichnet werden, aber keinesfalls sind sie gesundheitsschädlich, wie es in vielen Fällen bei kranken Broten zutrifft.

Die **Krankheiten des Brotes** werden wie manche Krankheiten des Menschen und der Tiere durch Mikroorganismen bedingt und zwar durch Bakterien, Schimmelpilze und Sproßpilze. Sie finden sich im Brot, einem ausgezeichneten Nährboden für die Keime, da sie dessen Bestandteile: Wasser, Salze, Eiweißkörper und Kohlenhydrate als Nährstoffe verwenden.

Am auffälligsten und bekanntesten sind die Schimmelpilzerkrankungen. Bleibt ein Brot längere Zeit an feuchtem Ort liegen, so überzieht sich die Oberfläche (bei Kastengebäcken die Breitseite) sehr bald mit einem grünlichen, graugrünlichen, gelben oder schwärzlichen flaumigen Überzug, der zuerst weiß aussieht. Der weißliche Belag ist das Myzel, die Pilzfäden. Auf ihnen entstehen später die gefärbten Sporen, d. h. Fruktifikationsorgane, durch die sich die Schimmelpilze weiter verbreiten. Die Sporen entwickeln sich in ungeheurer Menge, sind sehr leicht und flugfähig und werden daher vom Winde überall hin verstreut. Meist befinden sie sich schon im Mehl, gelangen damit bei der Zubereitung des Brotes in das Innere und keimen dort aus oder befallen erst später die Oberfläche, wenn das Brot fertig ist.

Der Backprozeß schadet wohl dem vegetativen Pilzmyzel, aber die Sporen einiger Arten überdauern auch die Hitze über 100°, so daß sie im Brot selbst nicht abgetötet werden.

Bei ihrer Wucherung im Brot zersetzen sie in erster Linie die Kohlenhydrate durch diastatische, d. h. stärkeumbildende Enzyme, dann auch die Eiweißkörper durch ausgeschiedene Proteasen. Hierdurch entsteht der unangenehme muffige Geruch, und der schimmelige, z. T. bittere Geschmack. Derartiges verschimmeltes Brot ist als Nahrungsmittel unbrauchbar und abzulehnen.

Am häufigsten trifft man Penicillium-, Aspergillusund Mucorarten an, auch Oidium und Rhizopus. Die mit grünem Penicillium behafteten Brote wirken beim Genuß im allgemeinen nicht schädlich, weil sich die Sporen im Magen-

Darmkanal nicht lösen. Immerhin ist Vorsicht geboten, da die Harmlosigkeit bei einzelnen Rassen nicht verbürgt ist. Bedenklicher scheinen die gelblichen Aspergillusarten, wenigstens sollen in Aspergillus fumigatus krampferregende Gifte gefunden worden sein.

Das Weißbrot wird gelegentlich von Monilia variabilis, einem weißwachsenden Schimmelpilz befallen, der die sog. Kreidekrankheit des Brotes erzeugt. Da die Krume vollständig von dem Pilz durchsetzt wird, entsteht ein muffiger Geruch und ein höchst übler Geschmack.

In ähnlicher Weise wie die Schimmelpilze können auch Bakterien das Brot zersetzen und ungenießbar machen. Sie vermehren sich ebenfalls auf Kosten der Brotbestandteile und bauen dabei die Kohlehydrate und Eiweißkörper ab. Im ganzen sind sie weniger zu fürchten als die Schimmelpilze, weil sie mit Ausnahme der Sporenträgergruppe bei der Backhitze zugrunde gehen und später auf der harten Brotrinde keine oder weniger Ernährungsbedingungen finden. Sehr verderblich für das Brot wirkt aber die sporentragende Art, der Bacillus mesentericus mit seinen Varietäten, der das sog. fadenziehende Brot verursacht und geradezu Epidemien in den Bäckereien hervorrufen kann.

Gelangen mittels des Mehles derartige Sporen in den Teig und bleiben sie auch nach dem Backprozeß noch in der Krume erhalten, so keimen sie nach dem Abkühlen des Brotes aus, vermehren sich lebhaft und verwandeln die Krume in eine feuchte, schmierige, später gelbbraun gefärbte Masse. Drückt man die veränderte Krume mit dem Finger ein, so bleibt daran ein zäher fädiger Schleim hängen. Die Kohlenhydrate und das Eiweiß werden in lösliche, gummiähnliche Stoffe übergeführt, die das Brot vollständig unbrauchbar machen. Der Genuß derartigen Brotes ist schädlich, da Durchfälle und andere Magendarmerscheinungen beobachtet worden sind. Da die Erreger des fadenziehenden Brotes gegen Säuren sehr empfindlich sind, so ist vorgeschlagen worden, dem Teig auf 1 kg 2,4 g Milchsäure zuzusetzen, um die Organismen in den gefährdeten Mehlen abzutöten.

Seltener wird ein Rotwerden des Brotes angetroffen, was durch das Bacterium prodigiosum, einen an sich harmlosen Organismus, bedingt wird.

Der Vollständigkeit halber mögen noch einige Brote erwähnt werden, die durch fremde Substanzen ebenfalls ihre normale Beschaffenheit verlieren und unter Umständen gesundheitsschädlich werden können. Dazu gehören:

1. Das sog. blaue Brot, dessen Krume durch einen Stoff aus den Samen des Wachtelweizens (Melampyrum arvense), das Rhinantin, violett gefärbt wird.

2. Das Kornradenbrot, bedenklich durch den Gehalt an Agrostemmin (ein Alkaloid) und Githagin (ein saponinhaltiges Glykosid) aus dem Samen der Kornrade (Agrostemma githago).

3. Das Mutterkornbrot, welches im Mittelalter öfters die Kribbelkrankheit hervorrief. Die mit Schimmelpilzmyzel durchsetzten Getreidekörner enthalten giftige Stoffe, durch die die Krankheit veranlaßt wird.

4. Das Brot mit Brandpilzen (Tilletia und Ustilago).

5. Das Brot mit Taumellolch (Lolium temulentum).

9. Die Brotarten.

Trotzdem bei uns als Ausgangsmaterial für das Brot eigentlich nur der Roggen und der Weizen in Frage kommt — wir sehen hier von der gelegentlichen Verwendung von Hafer und Gerste zunächst ab —, und wir demnach nur ein einheitliches Roggen- und Weizenbrot erwarten sollten, ist die Zahl der Brotsorten und ihrer Varietäten doch außerordentlich groß. Das liegt nicht nur daran, daß an verschiedenen Orten und in verschiedenen Gegenden andere Gewohnheiten gelten, daß die Zubereitung des Brotes überall etwas abweicht, und daß durch die Mehlmischungen an sich schon verschiedene Gebäcke entstehen, sondern es tragen auch die Wünsche und Geschmacksrichtungen der Konsumenten viel dazu bei, daß immer mehr Neuerungen Eingang finden.

Das grobe Schwarzbrot genügte den Ansprüchen nicht mehr. Es mußten mehr Abstufungen im Feinheitsgrade und in der Farbe gemacht werden. Um Liebhabereien im Aussehen, in der Krustenbildung, in der Lockerung und im Säuregrad entgegen zu kommen, entstanden Neuerungen im Gär- und Backprozeß. Auf Grund wissenschaftlicher Untersuchungen oder der Überzeugung und dem Vorurteil einzelner entsprechend, erfand man allerhand Spezialitäten, und endlich kamen angeblich aus gesundheitlichen

Rücksichten ein ganzes Heer von Brotsorten auf den Markt. Dem einen „bekam" dieses oder jenes Brot nicht. Einer fand es für seinen Kauapparat zu hart oder zu weich, bei dem einen machte es zu viel Blähungen, der andere litt an Verstopfungen, dem einen war der Eiweißgehalt zu niedrig, dem andern fehlten die Nährsalze oder die „Vitamine". Die Vollkornbrotverehrer wünschten alle Kleie in das Brot hinein, die verwöhnten Feinschmecker aber alle Kleie aus dem Brot heraus. Kurz, ein jeder wollte etwas anderes, und so stellte sich die Müllerei und der backtechnische Betrieb darauf ein, den Wünschen des Publikums und der Kranken Rechnung zu tragen.

Die Brotsorten sind infolgedessen, selbst wenn man die Weizengebäcke, wie Semmeln, Kuchen, Torten, Zwieback, Keks usw. außer acht läßt, zahllos.

Ein Überblick läßt sich gewinnen, wenn man sie in nachstehende Gruppe einzuteilen versucht:[1])

1. **Weizenbrote** (Weißbrot in allen Abstufungen).

2. **Roggenbrote** (z. B. Schwarzbrot, Landbrot, Bauernbrot, Graubrot, Kommißbrot).

3. **Mischbrote aus Weizen und Roggenmehl-** oder Roggen- mit Spelzmehl (Triticum spelta) oder Einkornmehl (Trit. monococcum) oder Roggenmehl mit Hafermehl oder Gerstenmehl.

4. **Schrot- und Kleiebrote,** z. B. Rheinisches Schrotbrot, Pumpernickel.

5. **Vollkornbrote bzw. Vollbrote,** z. B. Steinmetzbrot, Simonsbrot, Schlüterbrot, Klopferbrot, Finklerbrot, Growittbrot u. a.).

6. **Ungesäuerte Brote** (z. B. Mazze).

7. **Krankenbrote** z. B. Weizenschrotbrote (Grahambrot), kohlenhydratarmes Brot (Diabetikerbrot).

8. **Spezialbrote mit Zusätzen:** Meist grobes Roggenmehl mit Zusatz von Leguminosenmehl, Maismehl, Reismehl, Auguma-(Sojabohnen-)Mehl, Kalk, Blut, usw.

---

[1]) **Krankenbrote, Spezialbrote mit Zusätzen** und **gestreckte Brote** sind in diese Abhandlung nicht aufgenommen. Sie finden sich vom Verfasser bearbeitet in dem Buche über **Kriegsbrote** 1914—1918, Verlag v. J. Springer, Berlin 1920.

9. **Gestreckte Brote.** Kriegs- oder Notbrote (z. B. Kartoffelbrot, Rübenbrot, Treberbrot, Pilzbrot, Flechtenbrot, Gras-, Holz- und Strohmehlbrot u. a. m.).

10. Die Ausnützung der Brote.

Bei dieser Fülle von Gebäcken erhebt sich natürlich die Frage, ob sie alle den an sie gestellten Ansprüchen genügen. Handelt es sich nur um die Wünsche in bezug auf Aussehen, Geschmack, Feinheitsgrad, Lockerung und Bekömmlichkeit für Gesunde und Kranke, so wird gewiß dem Verlangen jedes einzelnen Rechnung getragen werden können, aber bei der Beurteilung des Brotes als Nahrungsmittel für die Allgemeinheit kommt es in erster Linie darauf an, welchen Nährwert sie besitzen, d. h. inwieweit die Bestandteile des Brotes verdaulich sind.

Es ist also in jedem Falle die Ausnützung des Brotes für diesen Punkt entscheidend.

Wie schon früher erörtert, wird im Organismus nur das ausgenützt, was durch die Körpersäfte gelöst werden kann. Die Reste, die den Verdauungsflüssigkeiten widerstehen, sind im Kot wiederzufinden und können quantitativ ermittelt werden. Wenn also die Menge des Brotes vor dem Ausnützungsversuch bestimmt und der Gehalt an Wasser, Eiweiß, Fett, Kohlenhydraten, zellulosehaltigen Stoffen (Rohfaser) festgelegt wird und nach dem Versuch der Gesamtkot und seine Bestandteile wieder bestimmt werden, so kann man aus der Differenz entnehmen, wieviel von den Bestandteilen resorbiert worden ist.

Für die meisten Fälle begnügt man sich mit der Feststellung des Trockenkotrückstandes, welcher anzeigt, wieviel von der gesamten Brotmenge unverdaut geblieben ist und des Eiweißes, das im Körper nicht resorbiert wurde.

Derartige Ausnützungsversuche sind bisher in großer Anzahl ausgeführt und die meisten Brotsorten einer Prüfung unterzogen worden. Dabei hat sich gezeigt, daß — man kann wohl sagen — fast in jedem Falle ein anderes Ergebnis, jedenfalls die verschiedensten Resultate erzielt worden sind. Die Gründe dafür sind zu suchen einmal in der Beschaffenheit der Brote und dann in dem Verhalten der Versuchsperson.

Jedes Brot ist anders zusammengesetzt. Kohlenhydrate, Fette und Wasser spielen nur eine untergeordnete Rolle, da diese Bestandteile leicht aufgenommen und ohne Verluste resorbiert werden. Anders liegt schon die Sache beim Eiweiß. Das in der Stärkezellenschicht vorhandene Eiweiß, der echte Kleber, ist für die Verdauungsflüssigkeit ohne weiteres zugänglich und wird auch daher leicht aufgenommen; das Kleieeiweiß, der sog. Kleber, liegt dagegen in festen Zellen eingeschlossen, er entzieht sich infolgedessen, wenn die Zellen nicht zertrümmert sind, der Verdauung und geht z. T. zu Verlust.

Bei weitem am wichtigsten für die Ausnutzung des Brotes sind aber die zellulosehaltigen Stoffe, die Rohfaser bzw. die Zellmembran. Sie finden sich in allen Mehlen vor. Je mehr Kleie im Mehl verbleibt, desto höher steigt die Menge der Zellmembran, und je mehr letztere zunimmt, desto schlechter wird die Ausnützung des Brotes. Gleichzeitig geht auch Hand in Hand damit eine Verminderung der Verdaulichkeit der Eiweißkörper und der Kohlenhydrate.

Die Folge davon ist, daß alle Brote aus „feinen" Mehlen, d. h. solchen ohne oder mit wenig Kleiebestandteilen, hinsichtlich der Ausnützung den Vorzug verdienen werden.

Da die Ausnützungsversuche am Menschen ausgeführt werden müssen, so haften ihnen manche Mängel an. Vor allen Dingen fehlt hier das „Normale", an dem wir die Ausnützungsgröße des Brotes messen können. Wenn zwei an sich gesunde Personen mit dem gleichen Brote Versuche machen, so kann man sicher darauf rechnen, daß die Resultate verschieden ausfallen. Welche Person dann die „normale" war, ist sehr schwierig zu sagen. Beteiligen sich vier Kräfte an denselben Versuchen, so werden die Ergebnisse noch verschiedener ausfallen, und es muß uns genügen, aus den Mittelwerten einen gewissen Normalausnutzungswert herausrechnen zu können.

Resultate aus einem Versuch und von einer Person auf die Allgemeinheit zu übertragen hat immer etwas Unsicheres an sich, da man nicht wissen kann, ob nicht vielleicht gerade diese Person anormale Ergebnisse lieferte.

Es spielt auch außer der persönlichen Eignung für den Ausfall des Versuchs eine Rolle, ob die Versuche längere oder kürzere Zeit dauern, ob die Personen an die Brotkost gewöhnt waren, ob der Betreffende kräftig arbeitet oder sich körperlich viel bewegt oder eine sitzende Lebensweise führt, ob große oder kleine Mengen Brot verarbeitet werden usw. Dabei ist außerdem zu berücksichtigen, daß Brot allein keine vollständige Nahrung darstellt. Es ist zwar möglich, sich mit Brot allein im Stickstoffgleichgewicht zu erhalten, aber der Versuch ist, wenn nur Brot gegeben wird, bis zu einem gewissen Grade ein gekünstelter, und der Magendarmkanal der Person, die sich nicht schnell genug dem neuen Regime anpassen kann, wird leicht in anormaler Weise reagieren. Wenn man daher die Ausnützung des Brotes unter natürlichen Verhältnissen studieren will, dann müßte schon eine gemischte Nahrung gereicht werden, obwohl der reine Brotversuch (d. h. Brot allein genossen) die einwandfreisten Ergebnisse liefert. Aber auch diese Frage bringt schon wieder eine Komplikation, da es bekannt ist, daß Brot allein anders ausgenützt wird, wie die gemischte Nahrung.

Das geeignetste wäre ein Normalbrot, welches die Unzulänglichkeit der schlechten Ausnützung nicht besäße. Aber ein solches Brot kann es nicht geben, weil die Anforderungen an dasselbe viel zu verschieden sind und vor allen Dingen weil es den vielseitigen Wünschen der Konsumenten gar nicht Rechnung tragen könnte.

a) Roggenbrot, Weizenbrot, und Roggen-Weizen-Mischbrot.

Unter dem landläufigen Namen „Brot" ist bei uns in Deutschland früher immer das reine Roggenbrot verstanden worden. Die Verhältnisse haben sich aber allmählig in der Weise verschoben, daß dem Roggenmehl Weizenmehl zugesetzt wurde. Infolgedessen ist das allenthalben erhältliche „Roggenbrot" ein Mischbrot geworden. Wenn auch das Mischbrot, Roggenmehl mit 10 oder mehr Prozent Weizenmehl, allgemein Eingang gefunden hat, so ist doch der Sinn oder vielleicht auch das Bedürfnis für reines Roggenbrot nicht verloren gegangen. Im Gegenteil, es macht den Eindruck, als ob neuerdings, wenigstens von einem Teile der Bevölkerung, dem Roggenbrot wieder mehr Interesse entgegengebracht würde. Man macht vielerorts Propaganda für das Bauernbrot, d. h. für das grobe Schwarzbrot, hält es für gesünder, ohne freilich wissenschaftliche Beweise dafür beizubringen, und ergeht sich, wie wir das auch bei den Vollkorn-broten noch sehen werden, in Überschätzungen.

Diese einseitige und zum Teil schiefe Beurteilung erklärt sich leicht aus dem Umstande, daß das Brot in erster Linie nach dem Geschmack und der Bekömmlichkeit eingeschätzt und daß die viel wichtigere Frage nach dem Nährwert und der Ausnützung außer acht gelassen wird.

Das übliche Roggenbrot wird meist aus Mehl mit 65—70% Ausbeute gebacken, doch finden, besonders in Industriegegenden, auch „hellere" Roggenbrote aus Mehl mit 40—50% Ausbeute viel Anklang. Die „dunkleren" Bauernbrote stellt man aus einem gröberen Mehle mit 75—85% und noch höherer Ausbeute her. Da die Schwarzbrote gewöhnlich mit Sauerteig gebacken werden, so zeigen sie einen kräftigen, säuerlichen, fast für jedermann angenehmen Geschmack und bleiben relativ lange frisch. Zu den bestechendsten Vorzügen des Roggenbrotes gehört auch die Eigentümlichkeit, daß es ohne Widerwillen fortdauernd, auch in großen Mengen, genossen werden kann und deshalb ein unschätzbares Nahrungsmittel für die Bevölkerungskreise darstellt, die aus wirtschaftlichen Gründen sich den Genuß des nicht so wohlfeilen Weizenbrotes versagen müssen.

Im Gegensatz zum Roggenbrot wird das Weizenbrot vom Publikum höher eingeschätzt. Nicht weil es teurer ist, sondern weil es eine Reihe Eigenschaften in sich vereinigt, die beim Roggen bzw. Roggenbrot nicht oder nur zum Teil vorhanden sind. Aus diesem Grunde billigt man dem Weizenbrot auch einen höheren Preis zu, selbst wenn die Ausgaben nicht immer mit dem dafür erhaltenen Nährwerte in Einklang stehen.

Das Weizenbrot hat vor dem Roggenbrot tatsächlich manches voraus. Zunächst kann aus dem Weizenkorn, weil sich der Mehlkern leichter als beim Roggen trennen läßt, eine höhere Mehlausbeute (etwa 75% gegenüber 65% beim Roggen) erzielt werden. Sodann sind die Kleberstoffe im Roggen und Weizen verschieden. Der Kleber des Weizens kann durch Kneten des Mehles in Wasser abgeschieden werden, der des Roggens nicht. Der Weizenkleber verfügt außerdem über eine ausgezeichnete Bindung, die später für die Lockerung des Brotes ungemein wichtig ist. Das Mehl des Weizens ist weißer als das Roggenmehl, auch ist der Eiweißgehalt etwas größer. Im allgemeinen gilt das Weizenbrot für schmackhafter und infolge der Hefegärung für milder. Endlich zeigt sich auch eine voluminösere und porenreichere Beschaffenheit der Krume.

Das Weizenbrot kommt in allen Feinheitsgraden auf den Tisch. Aus feinstem Mehl werden Kuchen gebacken, dann folgt das weniger feine Mehl für das Kleingebäck, während für das große Wassergebäck gröbere Mehle verwendet werden. Sehr hoch ausgemahlene Mehle trifft man im Weizenbrot nur selten an, es sei denn in der Zeit der Not. Im Kriege mußten wir mit Broten aus 94% ausgemahlenem Mehl gefertigt vorliebnehmen. Als reines Weizenschrotbrot kann das Grahambrot gelten.

Wenn auch der Geschmack bei den mit Milch hergestellten kleinen Weizengebäcken ein sehr ansprechender ist und auch sonst im allgemeinen die kleinen Wassergebäcke schmackhaft befunden werden, so befriedigt der Geschmack der großen Brote doch nur, wenn sie frisch gebacken und noch nicht alt geworden sind. Bekanntlich trocknen mit Hefe gefertigte Weizenbrote leicht aus und zeigen dann einen faden, höchst neutralen Geschmack. Das Würzige, das das Roggenbrot so genußfähig macht, geht ihm ab.

Die Freunde der Weizengebäcke sind sehr zahlreich. Dem wäre auch nichts entgegenzuhalten, wenn sich der Verbrauch in den Grenzen bewegen würde, die bei unsern derzeitigen Verhältnissen noch zulässig sind. Das ist aber nicht der Fall.

Je nachdem der überwiegende Teil im Brot aus Roggen oder Weizen besteht, spricht man von Roggen-Weizenbroten oder Weizen-Roggenbroten. Eine einheitliche Zusammensetzung gibt es nicht. Im allgemeinen werden, um dem Brot den Hauptcharakter nicht zu nehmen, 10—20% von der einen Sorte Mehl der andern zugesetzt. Mehr als 30 Anteile des fremden Mehles beeinflussen unter Umständen Aussehen und Geschmack nicht unbedeutend, auch muß die Sauerführung mit Sauerteig bzw. Hefe danach eingerichtet werden. Im übrigen aber bieten sich backtechnisch keine Schwierigkeiten; der Zusatz von Weizenmehl zum Roggenmehl fördert sogar die Lockerung und es entstehen weniger Brotfehler. Freilich geht der charakteristische Roggenbrotgeschmack und der des Weizenbrotes verloren und viele legen deshalb keinen großen Wert auf Mischbrote. Ein anderer Teil der Bevölkerung zeigt aber im Gegenteil wieder große Vorliebe dafür. Es sei hier nur erinnert an die großen Mengen von „Graubrot", die gegessen werden und an die verschiedenen dem Soldatenbrot (Kommißbrot) nachgebildeten Brote aus Roggenmehl mit einem Zusatz von Weizenmehl.

So findet jede Brotsorte, sei es Weizenbrot oder Roggenbrot oder Mischbrot ihre Liebhaber, weil die Gewohnheit es so mit sich bringt, und das betrifft nicht nur den einzelnen, sondern auch ganze Volksgemeinschaften. Einem Franzosen oder Schweizer oder Italiener würde es z. B. schwer fallen, sich dem Roggenbrotgenuß zuzuwenden, da in jenen Ländern fast ausschließlich nur das reine Weizenbrot Verwendung findet.

Bei dieser schwierigen Beurteilung eines Brotes, die noch durch Sitte, Gewohnheit und Liebhaberei des einzelnen kompliziert wird, führt nur der wissenschaftliche Weg, die Feststellung des Nährwertes, zum Ziele.

Die ersten exakten Untersuchungen darüber liegen schon weit zurück und knüpfen sich an die Namen Rubner und Meyer. Es folgen später viele andere Versuche von Menicanti und Prausnitz, K. B. Lehmann, Pannwitz, Hindhede, R. O. Neumann u. a. m.

Soweit vom Verf. festgestellt werden konnte, sind bisher an 78 reinen Roggenbroten in 143 Einzelversuchen, an 24 reinen Weizenbroten in 32 Versuchen und aus 21 Mischbroten aus Weizen und Roggen in 35 Einzelversuchen Prüfungen über die Ausnützbarkeit angestellt worden. Diese Untersuchungen von 123 Brotsorten mit 210 Einzelversuchen geben ein gutes Bild von dem Verhalten der Brote untereinander. Sie alle im einzelnen hier aufzuzählen würde zu weit führen.

Wir begnügen uns mit den Mittelwerten und den Gesamtergebnissen.

Berechnet man den Durchschnitt aus sämtlichen Broten, so gingen verloren:

	Bei den Weizenbroten	Roggenbroten	Mischbroten
an Trockensubstanz .	6,89%	11,34%	9,51%
an Eiweiß	17,21%	37,85%	22,55%

Diese Zahlen zeigen zunächst mit eindringlicher Deutlichkeit, daß die geringsten Verluste beim Weizenbrot, die größten Verluste beim Roggenbrot zu konstatieren sind und daß die Mischbrote aus Roggen- und Weizenmehl in der Mitte stehen. Wenn man die Werte gegeneinander abwägt, so ergibt sich beim Roggenbrot in der Trockensubstanz fast ein doppelter Verlust gegenüber dem Weizenbrot, während der Eiweißverlust mehr als das Doppelte beträgt.

Es ist also kein Zweifel, daß das Roggenbrot als solches schlechter ausgenützt wird.

Nun ermöglicht freilich ein Gesamtdurchschnitt noch nicht den Überblick, wie sich die einzelnen Brote verhalten. Es ist früher erörtert worden, daß große Unterschiede bestehen müssen, wenn die Brote feiner und gröber sind, wenn das Mehl schlechter oder besser ausgemahlen wurde. Dadurch entstehen Schwankungen, die schon in jeder Brotart, dem Weizen-, Roggen- oder Mischbrot ganz bedeutend sind.

Es erwies sich, daß die Verluste variieren können:

	Bei den Weizenbroten	Roggenbroten	Mischbroten
in der Trockensubstanz von . . .	1,93—19,28%	5,09—22,70%	4,00—21,40%
im Eiweiß von . .	6,30—44,70%	18,07—56,60%	10,21—52,80%

Aus diesen Zahlen geht zweierlei hervor: Erstens ist in allen Fällen der Trockensubstanzverlust geringer als der Eiweißverlust. Von der Gesamtmasse des Brotes können also im besten Falle beim Weizenbrot etwa 2%, im ungünstigsten Falle beim Roggenbrot etwa 23% verloren gehen. Vom Eiweiß wird im besten Falle beim Weizen etwa 6%, im ungünstigsten Falle beim Roggen aber etwa 56% nicht ausgenützt. Das ist mehr als die Hälfte der gesamten Eiweißsubstanz, die aufgenommen wurde. Aber auch beim Weizenbrot kann der Verlust unter Umständen fast 45% betragen.

Weiterhin erkennt man, daß unter den Roggenbroten eine ganze Reihe Sorten vorhanden sind, die dem Weizenbrot nicht viel nachstehen, deren Ausnützungsverluste jedenfalls wesentlich geringer sind, als die der gröberen Weizenbrote, denn die Ausnützungswerte der bestausnützbaren Roggenbrote betragen

für die Trockensubstanz etwa 5%, für das Eiweiß 18%, während
bei den schlechtest ausnützbaren Weizenbroten etwa 19% Trockensubstanz und 44% Eiweiß verlorengehen.

Auch hierbei stehen die Mischbrote in der Mitte.

Fragen wir nach der Ursache der Schwankungen bei den
einzelnen Broten, so kann es keinem Zweifel unterliegen, daß die
Ausmahlung des Mehles und die in den verschiedenen
Mehlabstufungen vorhandenen Zellmembranen sehr
wesentlich dazu beitragen. In folgender Tabelle, die die
Belege dafür bringt, sind sämtliche untersuchten Weizen-, Rog-
gen- und Mischbrote nach ihrem Untersuchungsgrade geordnet
und die Durchschnittszahlen aus allen Broten mit gleicher Ausmahlung gezogen worden.

Aus-mahlungs-grade	Weizenbrote		Roggenbrote		Mischbrote	
	Trocken-substanz-verlust	Eiweiß-verlust	Trocken-substanz-verlust	Eiweiß-verlust	Trocken-substanz-verlust	Eiweiß-verlust
60%	1,93	6,30	7,60	37,30	—	—
70%	4,42	16,01	10,43	42,25	4,40	13,70
75%	—	—	9,20	34,70	6,78	17,44
80—82%	6,06	14,79	8,44	33,59	8,56	23,24
85%	—	—	12,91	38,59	10,36	28,71
94%	11,20	25,83	14,84	41,06	12,00	23,76
97%	10,87	23,10	15,95	37,05	14,98	28,49

Hieraus ist ersichtlich, daß im allgemeinen mit dem Grade
der Ausmahlung auch die Verluste zunehmen. Am
deutlichsten spricht sich das beim Trockensubstanzverlust
des Weizenbrotes und auch beim Mischbrote aus und auch beim
Roggenbrot in den höheren Ausmahlungsgraden über 80% aus.
Ein bestimmter Parallelismus zwischen Trockensubstanz und
Ausmahlung ist aber nicht zu erkennen und noch weniger ein
Nebeneinandergehen der Ausmahlung mit dem Eiweißgehalt.
Wohl zeigt sich beim Eiweißverlust auch ein Anstieg, der bei
den Mischbroten ganz gut zu beobachten ist, bis zu einem gewissen Grade auch beim Weizenbrot, beim Roggenbrot aber
stark in den Hintergrund tritt. Die Ausnützung schwankt hier,
ganz gleichgültig, ob das Mehl zu 60 oder 80 oder 97% ausgemahlen wurde, immer um 37% herum. Daher kann man aus
der Ausmahlung allein für die Verdaulichkeit des Ei-

weißes keine bindenden Schlüsse ziehen. Hier liegt der Grund einzig und allein in der Resorptionsgröße der Zellmembran, die auch bei verschiedenen Ausmahlungsgraden in verschiedenen Mengen und in verschiedener Zusammensetzung, wie Rubner zeigte, vorhanden sein kann und ihrerseits die Verdaulichkeit beeinflußt.

Ein solches Beispiel gibt er in seiner Zusammenstellung der Verluste bei Versuchen mit „Karamehlbrot" (einem Weizenvollkornbrot aus enthülstem Weizen) und einem Brot aus feinstem Weizenmehl. Der Verlust betrug in Prozenten:

		Bei Karamehlbrot	Bei Brot aus feinstem Weizenmehl
an Gesamtpentosen		15,01	6,6
„ Zellmembran		53,04	24,6
„ Zellulose	Bestandteile der Zellmembran	97,58	21,9
„ Restsubstanzen, Lignine		44,18	24,5
„ Pentosan aus Zellmembran		38,73	43,2
„ freien Pentosen		—	4,1

Ohne auf die Zahlen im einzelnen eingehen zu wollen, läßt sich sagen, daß die Zellmembranen in sonst gleich zusammengesetzten Mehlen sich bezüglich ihrer Verdaulichkeit sehr verschieden verhalten. Besonders auffällig ist die Differenz bei der Zellulose und dem Gesamtpentosan. In gröberen Broten mit vielen holzigen Stoffen kommen diese Unterschiede naturgemäß noch mehr zum Vorschein und daher ist es kein Wunder, daß der Eiweißverlust, der mit der Ausnützung der Zellmembran in enger Beziehung steht, von den Ausmahlungsgraden nicht abhängig zu sein und mit ihnen parallel zu gehen braucht.

Trotz der zwingenden Tatsache, daß das Roggenbrot ungünstiger ausgenützt wird wie das Weizenbrot, sind doch Stimmen laut geworden, die eine gleiche Verdaulichkeit behaupten. Untersucht man vergleichsweise Roggenbrot und Weizenbrot aus feinsten Mehlen, bei denen der Kleieabschub 40,5 und mehr Prozent beträgt, so sind tatsächlich die Differenzen nur sehr gering, weil eben fast keine Zellmembranen mehr im Brot vorhanden sind, die das Resultat beeinflussen können. Nichtsdestoweniger ist die außerordentlich günstige Eiweißresorption, wie sie Weizenmehl darstellt, vom Roggenmehl noch nicht bekannt geworden. Wie Thomas zeigen konnte, gingen bei seinem reinen Brotversuch nur 6,3% Eiweiß zu Verlust und 1,9% Trockensubstanz. Ähnliche Zahlen berichtet auch Hindhede. Das sind die niedrigsten bisher beobachteten Zahlen, die fast den bei Animalien gefundenen an die Seite gestellt werden können. Offenbar liegt die Sache so, daß die in jedem Mehle vorhandenen Kleberzellen beim Roggen infolge anatomischer oder chemischer Beschaffenheit den Verdauungssäften noch weniger zugänglich sind wie beim Weizen.

Auf Grund dieser Untersuchungsergebnisse wird man nicht im Zweifel sein, welches Brot in ernährungsphysiologischer Beziehung den Vorzug verdient.

Greifen wir drei Brotsorten heraus wie sie in Friedenszeiten üblich waren:

Ein Weizenbrot aus Mehl mit etwa 70% Ausmahlung, ein Roggenbrot aus Mehl mit 80—85% Ausmahlung und ein Mischbrot aus 75 Teilen 82er Roggenmehl und 25 Teilen 70er Weizenmehl. Es ergab sich eine Ausnützung ungefähr von:

	Weizenmehlbrot	Roggenmehlbrot	Mischmehlbrot
an Trockensubstanz . .	95,0%	89,0%	90,0%
an Eiweiß	84,0%	65,0%	75,0%

Damit steht das Weizenbrot an erster Stelle, dann folgt das Weizen-Roggenbrot und an dritter Stelle das Roggenbrot.

Da nun außer in der Ausnützbarkeit das Weizenbrot auch in der technischen Ausbeute und Zubereitung, wohl auch in der chemischen Zusammensetzung gegenüber dem Roggenbrot günstiger abschneidet, würde der Wunsch berechtigt sein, dem Weizenbrot in Zukunft noch ein größeres Feld einzuräumen als es bisher der Fall war. Das ist aber eine rein wirtschaftliche Frage, die in absehbarer Zeit in Deutschland nicht zu lösen sein wird, wenn auch an sich nach den Berechnungen von Rubner die Vergrößerung der Weizenanbaufläche möglich wäre.

Da der Konsument das Brot auch noch nach vielen andern Dingen außer dem Nährwert einschätzt, so wird auch das Roggenbrot und das Mischbrot noch weiterhin eine bevorzugte Stelle einnehmen und mit Recht, da sie beide trotz geringerer Ausnützbarkeit ein ausgezeichnetes Nahrungsmittel darstellen und zudem billiger beschafft werden können.

b) Kleiebrote (Schrotbrote, Pumpernickel).

Kaum ist in der Broternährungslehre über ein Kapitel so oft und in so widerspruchsvoller Weise verhandelt worden, wie über die Kleie und die Kleiebrote. Die Erörterungen beginnen bereits, als sich Liebig mit der Abtrennung der Kleie von dem Mehl befaßte. Obwohl wir über die Ausnützung der Kleie recht gut unterrichtet sind, widersprechen sich doch noch die Angaben. In dem einen Falle wird der Nährwert des Kleiebrotes gering eingeschätzt, während im andern Falle ein hoher Nährwert vorhanden sein soll. Es ist aber ganz klar, daß die Kleie einmal besser und einmal schlechter ausgenutzt werden kann. Es kommt nur darauf an, was es für Kleie ist, und wieviel davon das Brot enthält.

Wie schon erwähnt, besteht die Kleie nebst dem mehligen Anteil aus Fruchtschale, Samenschale, Kleberzellenschicht, den Härchen, dem pflanzlichen Bindegewebe und dem Keimling. Alle diese Bestandteile enthalten wechselnde Mengen von Zellmembran, die ihrerseits wieder aus 24,0% Zellulose, 40,9% Pentosan und 35,1% Restsubstanz (Ligninen und Hemizellulose) zusammengesetzt ist. Für die Ausnützung der Kleie bzw. des Kleiebrotes ist nun von sehr großer Bedeutung, daß Zellulose, Pentosan und Restsubstanz nicht gleichmäßig verdaut, sondern in größerer oder geringerer Menge vom Organismus aufgenommen werden. Infolgedessen wird auch die Verdaulichkeit der Kleie von der Resorption der genannten Stoffe abhängig sein.

Nach Rubner ist die Zellulose sicher verdaulich, wenn auch nur in recht bescheidenem Maße, auch stellen die Produkte der Zelluloseverdauung keine vollwertigen Nährstoffe dar. Immerhin scheint wichtig, daß bei längerem Verweilen im Darm eine recht beträchtliche Auflösung der Zellulose vor sich gehen kann, die dann der Resorption unter Umständen noch zugänglich ist.

Im Gegensatz zur Zelluloseverdauung ist die Aufnahme der Pentosen weit günstiger. Bei den verschiedenen Brotsorten werden 77,6% resorbiert. Je mehr Kleie abgeschoben wird, um so weniger enthalten die Mehlsorten Pentosen. Daher ist der Pentosengehalt im kleiereichen Brot erhöht, weil die Frucht- und

Samenschale zu den pentosenreichsten Zellmembranen gehören. Die **Restsubstanzen** stellen die Differenzen von Zellmembran minus Zellulose plus Pentosen dar. Ihre Verdaulichkeit reicht nicht ganz an die der Pentosen heran und beträgt nur etwa 60%.

Auf Grund dieser Tatsachen müssen auch die **Kleberzellen**, die relativ viel Pentosen enthalten, angreifbar und das darin enthaltene **Kleberzelleneiweiß** der Resorption zugänglich sein.

Die vielen bisherigen Untersuchungen der Brote haben nun trotz vorhandener Zellmembranresorption unzweifelhaft ergeben, **daß das Brot, je mehr Kleie darin ist, um so schlechter ausgenützt wird.**

Einige Beispiele, die sich noch bedeutend vermehren ließen, mögen dies zeigen:

1. Versuche von **Rubner** und **Meyer** aus dem Jahre 1883.

		Verlust an:	
	Trockensubstanz	Eiweiß	Kohlenhydraten
Weißbrot	4,40	22,20	1,10
Semmel	5,60	19,90	2,89
Mittelsorte	6,66	24,56	2,57
Gröbere Sorte (Riemischbrot)	10,10	22,20	6,82
Ganzes Korn	12,23	30,47	7,37
Bauernbrot	15,00	32,00	10,90
Pumpernickel	19,30	43,00	13,79

2. Versuche von **Pannwitz** aus dem Jahre 1897 (Auswahl).

			Verlust an:	
		Trockensubstanz	Eiweiß	Kohlenhydraten
Brot aus Weizenzwiebackmehl mit 30% Kleieauszug	Mittel	6,07	18,68	3,13
Feines Roggenmehl mit 25% Kleieauszug	,,	9,94	33,75	5,61
Grobes Roggenbrot mit 15% Kleieauszug	,,	13,20	43,30	8,32
Pumpernickel	,,	15,66	52,04	9,70
Brot aus Handelskleie	,,	42,3	56,30	37,34

3. Versuche von Romberg aus dem Jahre 1897.

	Verlust an:		
	Trocken-substanz	Eiweiß	Kohlen-hydrate
Brot aus 1. Grießvermahlung, sehr weiß . . . . Mittel	4,95	19,11	1,78
Brot aus 5. Grießvermahlung, grau . ,,	8,35	28,52	3,92
Brot aus 12. Grießvermahlung, sehr dunkel . . . . ,,	15,58	31,36	10,76
Brot aus 13. Grießvermahlung, zweit-schlechtestes Mehl . . . . ,,	16,79	40,95	11,49

4. Versuche von R. O. Neumann während des Krieges.

	Verlust an:		
	Trocken-substanz	Eiweiß	Rohfaser
Weizenbrot mit 70% Ausmahlung	5,81	13,91	65,00
,, ,, 80% ,,	8,70	17,34	66,34
Roggenbrot ,, 80% ,,	11,29	24,73	77,35
K-Brot (Schwarzbrot) ,, 85% ,,	16,48	34,16	79,54
Pumpernickel ,, 97% ,,	19,01	39,65	86,47

Die Resultate sind, obwohl sie an ganz verschiedenen Personen und unter ganz verschiedenen Verhältnissen gewonnen wurden, durchaus eindeutig und zeigen, daß von Broten aus gröbsten Mehlen in der Trockensubstanz bis nahezu ein Fünftel, vom Eiweiß bis weit über 40%, gelegentlich sogar bis zur Hälfte, von Kohlenhydraten etwa 12% verloren geht.

Bei Broten aus reiner Kleie, die aber praktisch nicht in Frage kommen, steigt der Verlust sogar noch höher und beträgt nach Pannwitz für die Trockensubstanz 42,3%, für das Eiweiß gar 56% und für die Kohlenhydrate 37,3%.

Es wird also mit steigendem Zellmembrangehalt die Resorption des Eiweißes und auch der Kohlenhydrate stark beeinträchtigt.

An diesen unumstößlichen Tatsachen können auch die wenigen Einzelversuche (Hindhede), die das Gegenteil beweisen sollten, nichts ändern. Die diesbezüglichen Ergebnisse sind u. a. vom Verf. in seiner Abhandlung über die Kriegsbrote auf das richtige Maß zurückgeführt.

Es hat sich dann aber weiter die Frage erhoben, ob die Kleie in feinvermahlenem Zustande besser ausgenützt wird als in grobem, denn es ist einleuchtend, daß die Verdauungsflüssigkeit an die Einzelbestandteile leichter und besser herantreten kann, als an grobschollige Elemente.

Hierzu lieferten Plagge und Lebbin (allerdings unbewußt) Beweismaterial. Sie untersuchten erstens Brot aus grobem Roggenmehl und ungeschältem Korn mit 15% Kleieauszug, zweitens Brot aus feinvermahlenem Roggenmehl und ungeschältem Korn mit 12,68% Kleieauszug und drittens Brot aus feinvermahlenem Roggenmehl mit 10,84% Kleieauszug.

Der Verdauungsverlust betrug an

	Trockensubstanz	Eiweiß	Kohlenhydrate
bei Brot 1.	13,2 %	43,3%	8,32%
„ „ 2.	12,6 %	39,1%	8,31%
„ „ 3.	12,24%	33,4%	7,10%

Sieht man von der geringen Differenz in der Ausmahlung, die bei Brot 2 nur etwa 2%, bei Brot 3 etwa 4% weniger beträgt als bei Brot 1 ab, dann sind Brot 1—2 ganz gleich, nur ist das Brot 1 aus grobem, Brot 2 aus feinem Mehl. Brot 3 ist ebenfalls aus feinem Mehl bereitet, nur war das Korn entschält.

Die günstigere Ausnützung bei Brot 2 (in der Trockensubstanz 0,6%, in der Eiweißsubstanz 4,2%) ist auf die feine Ausmahlung zurückzuführen. Bei dem Brot 3 aus geschältem Korn ist die Wirkung der feinen Vermahlung noch deutlicher zu sehen. Hier beträgt die Differenz bei der Trockensubstanz etwa 1%, beim Eiweiß sogar fast 10%, auf die Schälung entfallen nach einem andern, hier nicht aufgeführten Versuch nur 2%, so daß die Eiweißresorption in Wirklichkeit tatsächlich um 8% verbessert worden ist.

Verf. selbst konnte in einem Brot aus feingemahlenem Mehl gegenüber einem gröber gemahlenem, sonst aber gleichem Mehl, eine bessere Ausnützung der Trockensubstanz von 1,59% und eine solche des Eiweißes um 2,74% feststellen. Hier ist zwar der Gewinn nicht so groß wie bei Plagge und Lebbin, aber er läßt doch auch erkennen, daß eine feinere Vermahlung eine günstigere Verdaulichkeit bedingt.

Wenn bisher bei der Brotuntersuchung der Ausnützungsverlust in erster Linie in den Vordergrund gestellt wurde, so hat das durchaus seine Berechtigung, da wir dadurch über die Verdaulichkeit der Bestandteile unterrichtet werden; man würde aber von dem eigentlichen Wert des Brotes kein zuverlässiges Bild erhalten, wenn man nicht auch die Menge des ausnützbaren Eiweißes einer Betrachtung unterziehen wollte. Man könnte ja doch — und das liegt gerade bei den Kleiebroten sehr nahe — mittels der sehr eiweißreichen Kleie so viel Eiweiß in das Brot einführen, daß trotz einer erheblichen Menge unresorbierten Materials noch genug verdaubares Eiweiß übrigbliebe.

Um dies festzustellen, sind vom Verf. aus 26 selbstuntersuchten Brotsorten die Mengen des ausnützbaren Eiweißes, die in 500 g Brot aufgenommen werden, berechnet worden. Hier soll nur eine Auswahl folgen:

Nr.	Brotsorten	bereitet aus	Eingeführtes Eiweiß aus 500 g Brot	Ausnützungsverlust in %	von ausnützbarem Eiweiß werden in 500 g Brot aufgenommen
1	Russisches Soldatenbrot (Gelinckbrot)	Geschälter Roggen	30,90	50,10	15,42
2	Soldatenbrot . . .	Ungeschälter Roggen mit 15% Kleieauszug	28,13	43,35	15,94
3	Soldatenbrot . . .	Geschälter Roggen mit 15% Kleieauszug	28,13	41,44	17,48
4	Pumpernickel . . .	80% Roggenschrot, 16% Kleie, 4% Feinzucker	32,45	39,65	19,59
5	Klopferbrot	Enthülster und sehr fein gemahlener Roggen	25,30	21,55	19,85
6	Steinmetzbrot . . .	Dekortierter Roggen	31,62	29,20	22,59
7	Rolandbrot	80% Roggen- 20% Weizenmehl	29,50	18,40	24,08
8	Growittbrot I . . .	81% Roggen- 19% Weizenmehl (naß vermahlen)	34,05	21,05	26,89
9	Kommißbrot . . .	60% Roggenmehl, 40% Weizenmehl, 5% Kleieauszug	35,65	20,35	28,40
10	K-Brot (Feinbrot) .	27% Roggenmehl, 63% Weizenmehl, 10% Kartoffelmehl	36,25	15,77	30,54
11	Weizenbrot	Weizenmehl zu 80% ausgemahlen	37,30	17,34	30,84
12	Weizenbrot aus Semmelmehl	Weizenmehl zu 65—70% ausgemahlen	40,35	13,91	34,74
13	Kleiebrot	Roggenkleie	81,05	56,32	35,41

Hieraus geht folgendes hervor: Ist der Ausnützungsverlust gering und die Eiweißeinfuhr hoch, so ist die Menge an ausnützbarem Eiweiß groß, z. B. Nr. 12 (Weizenbrot aus Semmelmehl). Ist der Ausnützungsverlust dagegen hoch und die Eiweißeinfuhr gering, so vermindert sich die ausnützbare Eiweißmenge bedenklich, z. B. Nr. 1 (Gelinckbrot), bei Nr. 2, 3, 4 (Soldatenbrot und Pumpernickel).

Diese Ergebnisse entsprechen den Erwartungen. Ganz anders verhält sich aber die Sache, wenn die Eiweißeinfuhr gering und auch der Ausnützungsverlust klein ist, wie z. B. bei 5 (Klopferbrot). Dann sinkt auch die Menge des ausnützbaren Eiweißes sehr bedeutend herab. Umgekehrt sehen wir den Fall, wenn der Ausnützungsverlust sehr erheblich ansteigt und zugleich die Einfuhr an Eiweiß sehr groß ist, wie z. B. bei Nr. 13, dem Kleiebrote. Es betrug die Einfuhr in 500 g Brot 81,05 Eiweiß, der Ausnützungsverlust erreichte die höchste Höhe von 56,32% und dennoch enthielt dann das Kleiebrot noch 34,41% (die größte Menge unter allen untersuchten Broten) an ausnützbarem Eiweiß.

Das scheint paradox und doch ist es so, weil die Kleie mit ihrem $16^{1}/_{2}\%$ Eiweißgehalt eine solche Menge an Eiweiß ins Brot lieferte, daß der Verlust an unverdaulicher Substanz geradezu von der großen Menge zugeführten Eiweißes überkompensiert worden ist.

Hiernach könnte es scheinen, als ob es doch rationell sei, Kleie an die Menschen zu verfüttern. Das wäre aber ein Trugschluß. Solange es nicht gelingt, mehr unverdauliches Material für den Menschen aus der Kleie herauszuholen, d. h. den Ausnützungsverlust wesentlich zu verringern, solange muß die Kleie als ein ungeeignetes Nährmaterial für den Menschen angesehen werden. Es dürfte dann wirtschaftlicher sein, die Kleie dem Tier zu geben, das sie fast restlos verdaut.

Was von den Kleiebroten im allgemeinen gesagt wurde, gilt von zwei Vertretern des Kleiebrotes, dem Pumpernickel und dem Schrotbrot im speziellen.

Der **Pumpernickel** besteht zum größten Teil (etwa 80%) aus Roggenschrot und aus etwa 16% Kleie; dem Teige wird gewöhnlich noch etwa 4% Farinzucker oder Sirup zugesetzt. Man bäckt es 12—24 Stunden bei etwa 160° im festverschlossenen Ofen unter reichlicher Wasserdampfeinwirkung. Hierbei wird die Krustenbildung hintangehalten, die Krume durch die lange Hitzeeinwirkung aber dunkler unter Bildung von Röstsubstanzen. Die Stärke geht in Dextrin über und der Zucker karamelisiert. Dementsprechend ändert sich auch der Geschmack.

Alle Ausnützungsversuche, die bisher mit Pumpernickel gemacht sind, ergaben sehr ungünstige Resultate und zeigten einen außerordentlich großen Verlust an Trockensubstanz und besonders an Eiweiß, ganz abgesehen von der Massenproduktion von Kot, die den Kleiebroten eigen ist.

Hierzu mögen folgende Beispiele dienen:

Es gingen verloren an:

	Trockensubstanz	Eiweiß	nach:
bei russischem Pumpernickel	11,89	25,75	Popoff
„ westfälischem „	15,66	52,04	Pannwitz
„ Oldenburger „	19,30	42,30	G. Meyer
„ westfälischem (?) „	19,30	43,00	Rubner
„ Bonner „	19,01	39,65	R. O. Neumann

Mit diesen Verlustmengen an Eiweiß, die sich im allgemeinen etwa zwischen 40—50% bewegen, steht der Pumpernickel als das schlecht ausnützbarste von allen Broten obenan.

Trotzdem wird er gern gegessen. Es ist dieses Brot ein typisches Beispiel dafür, daß der Mensch gewöhnlich nicht (leider) nach der Ausnützungsgröße und dem Nährwert des Brotes fragt, sondern nach dem Geschmack.

Bei den Pumpernickelausnützungsversuchen ist interessant, daß der russische Pumpernickel erheblich besser verdaut wurde als die andern. Das liegt nicht an dem Brot, sondern an den Versuchspersonen, russischen Soldaten, die auf die grobe Kost zeit ihres Lebens eingestellt waren und die Zellmembranen besser zur Auflösung brachten. Derartige Beispiele sind in der Literatur noch mehrere vorhanden.

Das **Schrotbrot** ist in seiner Zusammensetzung variabler wie der Pumpernickel. Aussehen und Konsistenz wechseln, je nachdem mehr oder weniger Mehl zugemischt wird und je nachdem es mit Hefe oder Sauerteig gebacken wird. Die Kruste ist meist sehr hart und schwer schneidbar, dafür die Krume aber häufig weich und klitschig. Gut ausgebacken ist es gewöhnlich nur, wenn genügend Mehl zum Schrot hinzugesetzt war.

Das bekannte rheinische Schrotbrot enthält 83% Roggenschrot, 6,5% Weizenmehl und 10,5% Roggenmehl.

Seiner Zusammensetzung entsprechend kann die Ausnützung nur eine mangelhafte sein.

Verf. fand beim Rheinischen Schrotbrot in der Trockensubstanz einen Ausnützungsverlust von 11,99%, beim Eiweiß 27,17%, bei der Rohfaser 86,28% und bei der Asche 61,69%. Die Verluste, die Hindhede mitteilt, sind bei weitem höher. Es beteiligten sich bei seinen Versuchen vier Personen, welche grobes Roggenschrotbrot aus ungesiebtem Mehle zu sich nahmen. Dabei gingen vom Eiweiß 34,7, 34,7, 48,1 und 28,1% verloren, von der Trockensubstanz 12,6, 13,6, 17,0 und 12,3%.

Demnach ist auch beim Schrotbrot die Ausnützung herzlich schlecht, und es wäre an der Zeit, diese Art der Brotbereitung zu reformieren. Es wird aber hier auch so sein wie beim Pumpernickel, daß nämlich derartige Spezialitäten, weil sie seit Menschenaltern eingebürgert sind, nicht verschwinden werden, trotz der besten Brotreformen.

c) Das Soldatenbrot (Kommißbrot).

Dem „Kommißbrot" wurde früher vielfach etwas Minderes, wenig Ansprechendes nachgesagt. Das stammte noch aus der Zeit vor dem 70er Kriege, wo das Soldatenbrot aus einem groben Roggenmehl mit 5% Kleieauszug hergestellt wurde. Auch später, als von 1872 an ein viel besseres Mehl, bis zu 15% Kleieauszug oder auch ein Mischmehl aus drei Viertel Roggenmehl mit 12% Ausmahlung und ein Viertel Weizenmehl mit 8% Ausmahlung Verwendung fand, schwand das Vorurteil noch nicht ganz. Allmählich lernte man aber doch einsehen, daß das Kommißbrot, das seit 1895 bis vor dem Kriege einem Roggenbrot von etwa 82% Ausmahlung entsprach, ein durchaus beachtenswertes Gebäck sei und ahmte es bekanntlich auch für die Zivilbevölkerung nach, von der es in manchen Gegenden lebhaft verlangt wurde.

Seinem Charakter nach gehört das Soldatenbrot zu den Mischbroten und bedürfte hier keiner besonderen Erörterung, wenn es eben nicht als Militärbrot eine so wichtige Ernährungsaufgabe zu erfüllen hätte.

Die ersten Ausnützungsversuche über Soldatenbrote, bei denen die Ausmahlung des verwendeten Mehles angegeben ist, führte Popoff mit russischem Kommißbrot an russischen Soldaten aus.

Es handelt sich um Schrotmehl mit einem bestimmten Kleieabzug. Bei der Untersuchung von vier Broten, die hier herausgegriffen sind, betrug der Verlust:

	Trockensubstanz	Eiweiß
bei Brot I	12,88	27,42
„ „ II	13,59	28,77
„ „ III	14,99	30,56
„ „ IV	12,67	29,43

In den Jahren 1892—1895 sind dann von Plagge und Lebbin die deutschen Kommißbrote einer genaueren Prüfung unterzogen worden, wobei auch über andere Backwaren ein reiches Material beigebracht wurde. Auf Kommißbrote entfielen allein 34 Ausnützungsversuche.

Einen Überblick ermöglicht folgende Zusammenstellung:

Die Verluste betrugen in Prozent an:

Gruppe		Trockensubstanz	Eiweiß	Kohlenhydrate
I.	Brot aus grobem Roggenmehl aus ungeschältem Korn mit 15% Kleieauszug	13,20	43,30	8,30
II.	Dasselbe mit 8,4% Kleieauszug, aber aus geschältem Korn .	15,08	56,60	9,04
III.	Dasselbe mit 15% Kleieauszug	12,24	41,44	7,56
IV.	Brot aus feinem Roggenmehl aus geschältem Korn mit 10,88% Kleieauszug	12,24	33,60	7,60
V.	Dasselbe mit 12,68% Kleieauszug, aber aus ungeschältem Korn.	12,60	39,12	8,32
VI.	Dasselbe mit 25% Kleieauszug (Kunstmehl)	9,49	33,75	5,61

Hiernach sind die Verluste bei den deutschen Kommißbroten wesentlich größer als bei den russischen. Der Trockensubstanzverlust ist zwar fast derselbe, aber der Eiweißverlust beträgt im Durchschnitt 50—70% mehr. Worauf die Unterschiede beruhen, ist bisher nicht genau festgestellt. Der Hauptgrund liegt zweifellos an den Versuchspersonen. Bei den russischen Broten betätigten sich an das grobe Schwarzbrot seit jeher gewöhnte Soldaten, während das bei den Versuchen von Plagge und Lebbin nicht der Fall war.

Andere Deutungsversuche, z. B. das Bier, welches die Versuchspersonen mitgenossen hatten, für den ungünstigeren Ausfall verantwortlich zu machen, reichen nicht ganz aus, um die großen Differenzen zu erklären. Hier müßten schon neue Versuche entscheiden.

Bestehen bleibt jedenfalls, daß die Verluste wider Erwarten hoch sind, und wenn man noch andere Versuche heranzieht, die mit Kommißbrot angestellt worden sind, so kann man sich allerdings des Eindruckes nicht erwehren, daß die Verdaulichkeit des Soldatenbrotes in Wirklichkeit doch in einem besseren Lichte erscheinen müßte, als es die Ergebnisse von Plagge und Lebbin dartun. Es hatte gefunden:

M. P. Neumann einen Eiweißverlust von 31,70% (im Mittel)
Lebbin   „   „   „   32,67%
Prausnitz   „   „   „   31,90%
R. O. Neumann   „   „   „   20,35%

Danach würde vom Kommißbrot nur 29,1% Eiweißsubstanz im Mittel verlorengehen, während Plagge und Lebbin 41,1% im Mittel gefunden hatten. Da auch die Verluste bei Popoff nur im Mittel 29% betrugen, so dürfte es erlaubt sein, bei einem Kommißbrot von etwa 82proz. Ausmahlung einen Eiweißverlust von etwa 30% und einen Trockensubstanzverlust von etwa 12,5% für das Zutreffende zu erachten. Das stimmt auch mit den Erfahrungen bei andern Mischbroten überein.

Im Anschluß an die Ausnützung des Brotes soll noch mit einem Worte der verschiedenen Einflüsse — ohne Beibringung von Zahlenmaterial — gedacht werden, die bei der Ausnützung des Brotes den Verlust der Trockensubstanz und des Eiweißes vermindern oder erhöhen können.

Die bessere oder schlechtere Ausnützung hängt von verschiedenen Faktoren ab.

1. Die Qualität des Brotes.

Den Haupteinfluß übt die Ausmahlung des Mehles aus. Je höher die Ausmahlung getrieben wird, desto größer sind die Ausnützungsverluste. Die Zerkleinerung des Mahlgutes, besonders der Kleie, befördert die Resorption. Frische und altbackene Brote werden gleich gut verdaut, vorausgesetzt, daß das frische Brot bissenweise und nicht in großen Mengen auf einmal genossen wird. Nicht zu große Mengen Säure im Brot haben keinen nachteiligen Einfluß auf die Ausnützung. Ist die Tagesration an Brot übernormal (über 1000 g), so steigern sich die Verluste des Ausnützbaren. Brot in gemischter Nahrung wird besser verwertet als Brot allein. Zugabe von Alkohol setzt die Resorption bei nicht an Alkohol gewöhnten Personen herab. Im andern Falle sieht man bei mäßigen Dosen keine Unterschiede.

2. Die Versuchsperson.

Die Veranlagung für eine gute oder schlechte Ausnützung ist ganz außerordentlich verschieden. Starke Brotesser nützen das Brot gewöhnlich besser aus, ebenso solche, die von Jugend auf an sehr reichliche Brotkost gewöhnt sind.

Sitzende Lebensweise vermindert, lebhafte Bewegung fördert die Resorption. Bei Menschen, die an Magen-Darmbeschwerden leiden, zeigen sich mehr Verluste als bei Gesunden.

11. Die Vollkornbrote.

Richtige Vollkornbrote, die diese Bezeichnung auch wirklich verdienen, bestehen aus dem ganzen Korn, von dem nichts weggenommen wurde, als der Schmutz und die Unkrautsamen. Sie finden sich noch auf dem Lande als Bauernbrote oder Schrotbrote ältern Datums. Das was aber jetzt als Vollkornbrot, Vollbrot, Ganzbrot oder Vollmehlbrot in den Handel gelangt und angepriesen wird, entspricht keineswegs der obigen Definition.

Die modernen Vollkornbrote werden fast ausschließlich aus geschältem Getreide hergestellt, und da die Dekortikation alle

7*

Abstufungen erfährt, so ist die Zusammensetzung derartiger Brote, ihr Kleiegehalt und demnach auch ihre Ausnützung fast in jedem Falle eine andere. Im ganzen sind sie — soweit nicht beim Mahlverfahren Besonderheiten in Frage kommen — nichts anderes als Brote aus hoch ausgemahlenen Mehlen und stehen etwa mit den Kleiebroten auf einer Stufe.

Trotzdem ist das Wort „Vollkornbrot" in vielen Kreisen und auch bei manchen Ärzten zum Schlagwort geworden, in dem eingebildeten Glauben, daß ein Vollkornbrot Wunder wirken könne und den Schlüssel zur ganzen Broternährungsfrage bilde. Das Meiste, was in Anpreisungen, populären Schriften und manchmal auch in Fachzeitschriften über das Vollkornbrot geschrieben ist, hält einer wissenschaftlichen Kritik meist nicht stand, besteht vielfach aus unbewiesenen Behauptungen und Übertreibungen. Näher darauf einzugehen, erübrigt sich.

Unter den Argumenten, die zugunsten der Vollkornbrote in den Propagandaschriften immer wieder ins Feld geführt werden, stehen die „Vitamine", wie sie C. Funk nannte, obenan.

Man versteht darunter, bis jetzt allerdings noch nicht ganz genau bekannte, lebenswichtige Bestandteile, die in pflanzlichen und tierischen Nahrungsmitteln vorhanden sind und deren Fehlen in der Nahrung Ernährungsstörungen hervorrufen können. Hofmeister bezeichnete sie als akzessorische Nährstoffe oder Ergänzungsstoffe. Da man bei einseitiger Verfütterung von feinstem Weizenbrot an Tiere (Hühner, Tauben, Hunde) Erkrankungen beobachtete, dagegen bei der Darreichung von Roggenbrot, das Kleie enthielt, nicht, so ist mit Recht daraus abgeleitet worden, daß in den äußeren Schichten des Kornes sowie im Keimling solche Ergänzungsstoffe vorhanden seien.

Damit ist aber natürlich nicht gesagt, daß jemand, der nicht täglich Vollkornbrot ißt, Schaden an seiner Gesundheit litte. In der übrigen Nahrung, die wir zu uns nehmen, sind so viele Ergänzungsstoffe vorhanden (z. B. in Erbsen, Bohnen, Linsen, Weißkohl, Salat, Karotten, Tomaten, roher Milch, Hefe, Früchten, Gemüsen, Kartoffelbrei, frischem Fleisch), daß keine Gefahr einer Ernährungsstörung zu befürchten ist.

Weiterhin wird der Mineralsalzgehalt in der Kleie als sehr wichtig hervorgehoben. Es ist zweifellos richtig, daß die Kleie salzreicher ist als das Mehl, ob den Salzen der Kleie aber die Bedeutung, die ihnen beigelegt wird, zukommt, ist sehr die Frage. Der Mineralstoffwechsel des Körpers bleibt von den Mengen von Salzen, welche etwa in den Kleiebroten mehr eingeführt werden, als mit anderen Broten aus hoch ausgemahlenem Mehl, vollkommen unbeeinflußt. Zudem vermögen wir zurzeit kaum etwas Sicheres über die Verwertung der Salze im Organismus und ihre gesetzmäßige Ausscheidung auszusagen.

Ferner rühmt man das Vollkornbrot, weil mit der gesamten Kleie sehr viel mehr Eiweiß in den Körper eingeführt würde, als bei den gewöhnlichen Broten. Das trifft an sich, wie schon besprochen wurde, durchaus zu, wir haben aber auch gesehen, daß der Wert leider nur ein sehr bedingter ist, da etwa 40% vom eingeführten Eiweiß unbenützt wieder verlorengeht.

Außerdem wird noch behauptet, daß es viel „gesünder" als anderes Brot sei. Die Hüllen des Getreides und die groben Bestandteile regten die Darmverdauung und die Peristaltik an usw. Daß in manchen Fällen und bei einer Reihe von Personen die unverdauliche Zellulose einen Anreiz zur Darmbewegung gibt, soll nicht bestritten werden, und daß damit auch gelegentlich eine diätetische Wirkung erzielt werden kann, weiß jeder Arzt, aber dieser Effekt läßt sich auch mit andern Vegetabilien erreichen. Andererseits ist es aber nicht zweckmäßig, den Körper fortwährend mit Substanzen zu überladen, die wie die Kleie und die Vollkornbrote außerordentlich viel Kot liefern, weil der Organismus dadurch unnötigerweise zu Leistungen veranlaßt wird, deren Kräfte er zu andern Funktionen besser verwenden kann. Außerdem werden durch grob geschrotenes und zellulosehaltiges Material bei der Vergärung im Darm unliebsame Gasentwicklungen hervorgerufen, die nicht jedermanns Sache sind. Es sind sogar während des Krieges, wo man gezwungen war, gewöhnliches Brot zu 94% ausgemahlenem Mehl dauernd zu genießen, auffallend viele Darmstörungen beobachtet worden, die mit entzündlichen Reizen und kolikartigen Schmerzen einhergingen.

Als ein Allheilmittel ist das Vollkornbrot in dieser Beziehung demnach nicht anzusehen, wenn auch durchaus nicht verkannt werden soll, daß dasselbe auch seine guten Seiten hat. Die kritiklosen und übertriebenen Behauptungen auf das richtige Maß zurückzuführen, ist allein der Zweck dieser Ausführungen.

12. Die Brotverbesserungen.

Nachdem experimentell festgestellt worden war, daß die schlechte Ausnützung des Brotes aus hoch ausgemahlenem Mehl auf den Gehalt an Zellmembran und die Kleberzellenschicht zurückgeführt werden muß, trat man alsbald an Versuche heran das Brot zu verbessern.

Vorschläge hierzu gehen allerdings weit zurück und haben ihre ersten Anfänge schon bei Parmentier, der 1773 bereits empfahl, die äußeren Hüllen des Kornes zu entfernen. Im weiteren Verfolg hatte auch Mège-Mouriès 1859 sich der Frage wieder angenommen und sie weiter gefördert.

Die Verbesserungsvorschläge, die bei uns vorgenommen wurden, lassen sich etwa in 4 Gruppen teilen:

a) Das Verfahren der Dekortikation (Entfernen der Frucht- und Samenschale, das Enthülsen, Schälen, Abreiben usw.) nach Till, Bruck, Uhlhorn, Steinmetz.

b) Das Verfahren der sog. mechanischen Aufschließung nach Klopfer, Finkler.

c) Das Verfahren der sog. chemischen Aufschließung nach Schlüter, H. Feddersen, Große-Brankmann.

d) Das Verfahren der direkten Teigbereitung aus dem Korn nach Avedyk, Gelinck, Golovine, Simons, Groß.

Hier sollen nur die Verfahren mit einigen Worten besprochen werden, die auch im Ausnützungsversuch geprüft worden sind.

a) Das Steinmetzbrot.

Während nach den Verfahren von Till, Bruck, und Uhlhorn das Getreide trocken geschält wird, sucht Steinmetz die Schalen auf nassem Wege zu entfernen. Das Getreide wird mit warmem Wasser aufgeweicht, wobei die Oberhaut aufquillt. Nach dem Abbrausen mit kaltem Wasser gelangt das Korn in drei übereinandergestellte Schältrommeln mit Schlägerwerk. In der ersten Trommel wird die Oberhaut weitgehend gelockert, in der zweiten abgestreift und in der dritten erfolgt ein Nachschälen einzelner Körner.

Während man nach Buchwald bei trockenen Schalen nur 12,3% Schälwirkung erzielt, steigt sie beim Naßprozeß bis auf

93,2%. Es ist also eine fast vollkommene Schälung erreicht, die 4,6% Schälverlust am Getreide ausmacht. Die Dekortikation erstreckt sich auf die Längs- und Querfaserschicht. Die Samenhaut und die Kleberzellenschicht werden nicht berührt. Nachdem das geschälte Getreide wieder trocken ist, wird es vermahlen.

Ausnützungsversuche wurden von Menicanti und Prausnitz und von K. B. Lehmann, bei denen Verf. mit als Versuchsperson diente, veröffentlicht.

Menicanti und Prausnitz fanden einen Verlust im Mittel an

		Trockensubstanz	Eiweiß
bei Roggenbrot, geschält	⎫	10,38	29,20
„ „ ungeschält	⎬ 80—82% Mehlausbeute	10,25	30,67
„ Weizenmehl, geschält	⎭	4,86	13,35
„ „ ungeschält		6,73	16,93

Man sieht hieraus, daß die Unterschiede zwischen geschältem und ungeschältem Getreide recht gering sind. Nebenbei macht sich wieder die schon oben besprochene vorteilhafte Ausnützung des Weizens gegenüber dem Roggen bemerkbar.

K. B. Lehmann ließ zwei verschiedene Roggenarten nach Steinmetz schälen und in verschiedenen Stufen ausmahlen:

Es gingen zu Verlust im Mittel an

	Trockensubstanz	Eiweiß
bei 1. Schweizer Roggen, geschält, zu 94% ausgem.	14,2	54,7
„ 2. „ „ ungeschält, „ 70% „	10,3	55,7
„ 3. Schlesischer Roggen, geschält, „ 82% „	12,2	45,9
„ 4. „ „ ungeschält, „ 62% „	11,3	48,3

Betrachtet man die Ausnützungswerte des Eiweißes unter sich, so treten zwar Differenzen zwischen dem geschälten und dem ungeschälten Korn hervor, aber sie sind wie bei den Prausnitzschen Versuchen ebenfalls sehr gering.

Die Wirkung der Schälung auf die Ausnützung ist daher nicht sehr bedeutend, und es fragt sich, ob sich dann die Kosten des Dekortikationsprozesses lohnen.

Da allerdings die Untersuchungsergebnisse mehr als 20 Jahre zurückliegen und während dieser Zeit Veränderungen bzw. Verbesserungen der Schälungsmethode eingeführt sein können, so müßte durch neue Prüfungen festgestellt werden, ob die früheren Ergebnisse noch zutreffen.

Im übrigen mag noch darauf hingewiesen werden, daß bei den beiden Versuchen wieder ein charakteristisches Beispiel dafür vorliegt, wie die Versuchspersonen in dem einen Falle das Brot gut, in dem andern Falle wesentlich schlechter ausnützen.

b) Das Klopferbrot.

Das Klopferverfahren erinnert zunächst an die älteren Schälverfahren von Till und Uhlhorn, da „die Körner — wie von Klopfer angegeben wird — auf das sorgfältigste trocken abgerieben bzw. abgeschmirgelt werden". Hierbei fällt die ganze Frucht- und Samenschale mit der Zellulose und den pentosanreichen Hüllen, wahrscheinlich auch ein Teil der Kleberzellenschicht dem Schälverfahren zum Opfer. Da der Schälverlust im ganzen 5,5% beträgt, so kann, wie auch beim Steinmetzbrot, von einem Vollkornbrot keine Rede mehr sein.

Das entschälte Korn wird dann in Schleudermühlen, von denen jede nachfolgende den Überschlag des vordern aufnimmt, geschlagen, so daß zuerst der innere Mehlkern „ausgeschüttelt" wird und später die entstandenen Trümmerstücke der Randschicht bis zu einem sehr feinen Pulver weiter zerkleinert werden. Die Keimlinge werden dabei entfernt und nach der Entbitterung im Verhältnis 1 : 99 dem Mehl wieder zugesetzt. Das erhaltene Mehl wird als Karamehl bezeichnet.

Das fertige Brot stellt, nachdem es 4 Stunden im „milde geheizten Ofen" gebacken ist, und dadurch die Kohlenhydrate im Sinne einer Dextrinierung eine geringe Umwandlung erfahren haben, ein an sich einwandfreies, wohlschmeckendes Gebäck dar, das aber nicht an ein Vollkornbrot erinnert. Die Krume ist sehr gleichmäßig und entbehrt gröberer Bestandteile, Zellhüllen usw.

Ausnützungsversuche mit Klopferbroten sind schon mehrfach gemacht worden. Wenn wir von dem von Boruttau angeführten Versuch, bei dem im Mittel an Trockensubstanz 13,15% und an Eiweiß 36,6% verlorengingen, absehen, weil aller Wahrscheinlichkeit nach der hohe Verlust in der Versuchsordnung zu suchen ist, so wurde bei allen andern Prüfungen das Brot auch verhältnismäßig gut ausgenützt.

Es seien hier angeführt die Versuche von Hindhede, R. O. Neumann, van Noorden und Rubner.

Der Verlust betrug in % an

	Trockensubstanz	Eiweiß
bei Hindhede . . . . im Mittel	7,9	27,00
„ R. O. Neumann	11,29	21,55
„ v. Noorden . . . . im Mittel	7,0	27,9
„ Rubner	?	20,65

Die Verluste sind relativ, besonders auch in der Trockensubstanz so gering, daß keinesfalls ein Vollkornbrot vorliegen kann. Auch lassen sich die niedrigen Eiweißzahlen nur so erklären, daß durch das intensive Abpolieren der Körner ein Teil der Kleberzellenschicht und der Zellmembran beiseite geschafft wurden. Das Brot würde etwa einem Brot aus Mehl mit 80% Ausmahlung an die Seite gestellt werden können. Das Wesentliche bei dem Klopferverfahren liegt in der staubfreien Vermahlung des Getreides und der weitgehendsten Schälung des Kornes.

Der von v. Noorden mitgeteilte Versuch betrifft ein Brot, welches aus Mehl gebacken wurde, das 75 Teile Kernmehl und 25 Teile feinstes Kleiemehl nach neuem Mahlverfahren enthielt („Vollkorn-Roggenmehl"). Da bei dem Ausnützungsversuche dieses Brotes der Eiweißverlust höher war wie bei den Versuchen mit den Broten aus dem erstgenannten Verfahren, so würde die neue Methode der Mischung von Kernmehl und Kleiemehl keinen Vorzug verdienen.

c) Das Finklerbrot.

Finkler war der Ansicht, daß das „Aufschließen" des Kornes bzw. der Kleberschicht durch mechanisches, trocknes, staubförmiges Vermahlen, wie es beim Klopferverfahren geschieht, nicht zu erreichen sei und wählte deshalb die Behandlung im nassen Zustande. Er trennte zunächst im gewöhnlichen Mahlverfahren das Mehl von der Kleie und unterwarf letztere einer mechanischen, nassen Zerkleinerung, wobei er Stoffe zusetzte, die die Zellwandungen brüchig und spröde machen und auch die Kleberzellen sprengen sollten. Zu diesem Zwecke wird die Kleie mit einer etwa 1 proz. Chlornatriumlösung in kalkhaltigem Wasser im Verhältnis von etwa 1 : 5 versetzt, gut gemischt und nun auf Raffineuren und Walzen gemahlen. Die so erhaltene Masse ist eine weiche, breiige, senfartige Mischung, in der fühlbare Teilchen nicht mehr vorhanden sind. Sie wird nun getrocknet und nochmals vermahlen und dem vorher ausgemahlenen Mehle zugesetzt.

Das daraus entstandene Mehl bezeichnet Finkler als „Finalmehl"; gelegentlich wird es auch Finklanmehl genannt.

Finkler hat mit Broten, die aus seinem Mehl in verschiedenen Mischungsverhältnissen gewonnen waren, selbst Ausnützungsversuche angestellt und berichtet — die vielen Zahlen sollen hier wegbleiben —, daß das Finalmehl dieselbe Ausnützung zeige wie das Weizenmehl. Das trifft aber nicht zu, denn beim Vergleichs-Weizenbrot findet er in der Trockensubstanz 13,8 und beim Eiweiß 25,9% Verlust, während ein Brot aus 50% Finalmehl und 50% Weizenmehl einen Verlust in der Trockensubstanz von 24,6% und beim Eiweiß von 36,4% ergibt.

Da Finkler wohl selbst das Gefühl hatte, daß der Versuch noch nicht beweisend sei, stellte er einen weiteren Versuch mit einem nunmehr als „ideal" bezeichneten Mehle an. Das Brot enthielt 25% des neuen Finalmehls und 75% Weizenmehl. Aber auch dieser Versuch beweist nichts, da das oben erwähnte Vergleichs-Weizenbrot jetzt auffälligerweise mit nur 5,2% Trockensubstanzverlust und 10,4% Eiweißverlust verdaut wurde und das Finklerbrot einen Trockensubstanzverlust von 7,85 und einen Eiweißverlust von 13,9% aufwies. Das ist ein Unterschied in der Ausnützung von 100%!, der unmöglich der Wirklichkeit entsprechen kann. Zu großen Bedenken gibt die Tatsache Veranlassung, daß der Versuch nur einen Tag dauerte. Eintägige Versuche können aber niemals sichere Ergebnisse liefern.

Von Rubner ist später die ganze Sache nachgeprüft worden, mit dem Erfolge, daß in allen Fällen der Verlust an Eiweiß beim Finklerbrot doppelt so hoch war wie beim Vergleichs-Weizenbrot, und dabei enthielt das Finklerbrot nur 30% Finalmehl und 70% Weizenmehl. Der Verlust stellte sich beim Finklerbrot auf 22,42%, beim Vergleichs-Weizenbrot auf 13,82%. Rubner sagt: Die Behauptung, daß alle Zellen aufgeschlossen seien und daß das Eiweiß des Finalmehls gleich verdaulich sei mit Mehl ohne diesen Kleiezusatz, beruht auf einer Selbsttäuschung der bisherigen Experimentatoren.

Damit werden die Erörterungen von Maurizio, Stoklasa, M. P. Neumann und Hüppe, die trotz der Unklarheiten in den Finklerschen Veröffentlichungen sich z. T. begeistert für das Verfahren ausgesprochen haben, berichtigt und sehr wesentlich eingeschränkt.

Das Finklerbrot hat keine große Bedeutung erlangt. Es wurde in den Jahren 1911 in Bonn und Umgebung in den Verkehr gebracht, aber schon im Jahre 1914 waren die Brote nicht mehr käuflich.

d) Das Schlüterbrot.

Das Schlüterverfahren bezweckt in erster Linie die „Aufschließung" der Kleie bzw. der Kleberzellenschicht durch den Kochprozeß!

Der Roggen wird in 60% feines Mehl, 15% dunkles Mehl und etwa 25% Kleie zermahlen, die Kleie mit Wasser verrührt und im Autoklaven erst einige Zeit bei 60° vorgewärmt und dann auf 110° erhitzt, wobei sie durch Einlassen von Wasserdampf gar gekocht wird. Nach dem Trocknen wird die Masse vermahlen. Das nunmehr dunkelgefärbte, karamelisierte Mehl bringt man mit dem Vormehl zusammen, welches dann — das Schlütermehl — mit dem Feinmehl im Verhältnis von 60 : 40 gemischt wird.

Wenn das Verfahren als Kleieaufschließungsverfahren angegeben wird, so trifft die Bezeichnung nicht ganz zu, denn hier handelt es sich nur um das „Aufschließen" der in der Kleie vorhandenen Kohlenhydrate, die verkleistert werden, vom Aufschließen der Kleberzellen oder des Kleieeiweißes kann aber nicht die Rede sein.

Die einzigen Ausnützungsversuche, die mit Schlüterbrot gemacht worden sind, stammen von H. Strunk, der im Mittel von 8 Versuchen einen Verlust an Trockensubstanz von 11,6%, an Eiweiß von 44,3% fand. Letzterer ist so hoch, daß er als Beweis dafür angesehen werden kann, daß das Eiweiß bzw. die Kleberzellen sicher nicht aufgeschlossen wurden.

H. Feddersen hat das Schlütersche Verfahren zu verbessern versucht, indem die Kleie eingeteigt, dann ebenfalls erwärmt, aber nicht erhitzt, und nun dieser Teig noch warm einer nassen Vermahlung unterworfen wird. Die Zellen sollen dadurch noch besser aufgeschlossen werden.

Ausnutzungs-Versuche darüber sind nicht bekannt.

In einem andern Verfahren will Große-Brankmann die Kleiesubstanzen durch Ausgärung von den Holzfasern trennen, und H. Oexmann schlägt vor, die Kleie mit 4% alkalischer Lauge zu kochen, um das Lignin von der Zellulose vollständig zu trennen.

Praktische Ergebnisse scheinen noch nicht vorzuliegen.

e) Das Gelinck-, Avedyk-, Simons- und Schillerbrot.

Während bei den bisher besprochenen Verfahren das Mehl und die Kleie vermahlen wurden, zielen die nunmehr zu nennenden Methoden darauf hinaus, das Vermahlen des Getreides ganz auszuschalten und das aufgeweichte Korn direkt zu Teig zu verarbeiten.

Die älteren Verfahren waren die von Gelinck, Avedyk und Golovine. Man verfährt so, daß das Getreide trocken geputzt und so lange mit kaltem Wasser gewaschen wird, bis das Wasser sich nicht mehr trübt. Dann brüht man es mit heißem Wasser auf und schickt es durch die Teigmühle, aus der es in Form von weichen Fadennudeln heraustritt. Der Teig wird gesäuert, in der Knetmaschine gemischt und dann sofort verbacken.

Bei Ausnützungsversuchen fand K. B. Lehmann beim Gelinckbrot in der Trockensubstanz 18,9% Verlust, in der Eiweißsubstanz 50,1%.

Plagge und Lebbin ermittelten einen Verlust von 22,41% in der Trockensubstanz und 50,35% in der Eiweißsubstanz.

Die Ausnützungsresultate sind so schlecht, daß von einem „Aufschließen" der Kleberzellen nicht die Rede sein kann.

Auch das Avedykbrot zeigt nach den Mitteilungen von K. B. Lehmann keinen wesentlichen Unterschied. Bei einem vom Verfasser ausgeführten Versuche betrug der Verlust an Trockensubstanz 19,6%, an Eiweiß 46,1%, bei einer andern Person 18,96% und 43,4%.

Diese beiden Brote sind aus dem Handel verschwunden.

Nach demselben Prinzip wird das **Simonsbrot** hergestellt. Bis zur Fertigstellung des Teiges verläuft alles in derselben Weise. Der Teig wird aber mit Hefe vergoren und alsdann 14—16 Stunden in mäßiger Hitze und unter reichlicher Wasserdampfzufuhr gebacken. Durch den langen Backprozeß erhält es eine tiefbraune Farbe.

Ausnützungsversuche sind dem Verf. nicht bekannt. Sie würden aber nicht besser ausgefallen sein wie beim Gelinck- und Avedykbrot, da auch hier das ganze Korn ohne Veränderung vermahlen wurde.

Dem Simonsbrot nachgeahmt ist das in Süddeutschland im Handel befindliche **Sanitasbrot,** über dessen Verwertung im Organismus aber auch nichts bekannt ist.

Eine kleine Abweichung zeigt das **Schillersche** Verfahren.

Nachdem das Getreide trocken gereinigt wurde, wird es angefeuchtet und 6 Stunden sich selbst überlassen. Dann wird es naß geschrotet und passiert einen Walzenstuhl. Die beim Vermahlen abfallenden Schalen werden mit Wasser erst durchgerührt und dann abgeschleudert. Das Schleudermehl mischt man dem Mahlgut bei und verbäckt mit Sauerteig.

Ausnützungsversuche, die Lebbin anstellte, zeigten einen Trockensubstanzverlust von 9,39% und einen Eiweißverlust von 33,69%. Daraus geht hervor, daß die Kleberzellen nicht aufgeschlossen wurden. Die Schalenabsonderungen bedingten aber den geringen Trockensubstanzverlust.

f) Das Growittbrot.

Das Growittverfahren, nach P. Groß, basiert auch auf dem Gelinckschen Prinzip, das Getreide direkt zu Teig zu vermahlen. Die Verbesserungen bestehen aber darin, daß nach einem intensiven Waschprozeß die vollständige Enthülsung des Kornes vorgenommen und dann das Getreide mittels eng aneinandergestellter Walzen in eine feinste Masse verwandelt wird. Dadurch sollen die Kleberzellen zertrümmert werden.

Man bringt das trocken gereinigte Getreide in einen Behälter, in dem es unter Zuführung von Wasser von 50—60° etwa 20 Minuten geschlagen wird. Hier lösen sich die Zellulosehüllen. Nachdem dieselben mit Preßluft entfernt worden sind, wird das Korn nochmals gewaschen und gelangt dann auf ein Walzwerk von

11 Walzen. Die Körner passieren zuerst 2 sich langsam bewegende Walzen und werden dann von dreimal 3 Walzen in einzelnen Schichten übernommen. Durch die immer enger aneinandergestellten Walzen wird eine homogene Masse erzielt, in der man keine gröberen Teile mehr antrifft. Die bei dem Mahlprozeß gesteigerte Temperatur auf 35° kommt der nun sofort einsetzenden Teigbereitung zugute. Der Teig wird mit Sauerteig bereitet, bleibt $1^1/_2$ Stunde im Gärraum und wird dann sofort verbacken. Von der Enthülsung bis zum fertigen Brote vergehen etwa 3 bis 4 Stunden.

Das Growittbrot ist im wissenschaftlichen Sinne auch kein Vollkornbrot, weil es beim Enthülsungsprozeß 1—2% Schalen verloren hat. Es entspricht aber im Geschmack und Aussehen den sog. Vollkornbroten und hebt sich vorteilhaft von ihnen ab, da die Krume sehr gleichmäßig ausfällt und keine gröberen Partikel auftreten.

Das Growittbrot ist im Stoffwechsel- und Ausnützungsversuch von Zuntz, dem Verf. und Rubner untersucht worden.

Die Zuntzschen Versuche, bei denen 3 verschiedene Personen sich beteiligten, zeigten ziemliche Differenzen, so daß sich keine sicheren Schlüsse daraus ziehen ließen, immerhin war ein geringerer Verlust an Trockensubstanz und Eiweiß gegenüber den groben Broten festzustellen.

Vom Verf. wurden später zwei längere Versuche mit Growittbrot durchgeführt, von denen der erste in Verbindung mit gemischter Nahrung 44 Tage, der andere mit alleiniger Brotnahrung 40 Tage dauerte.

Es kamen im ersten Versuche drei verschiedene Brotsorten in Frage. Zwei Brotsorten aus sehr fein gemahlenem Teig, Growitt I und II, und eine Brotsorte aus gröber gemahlenem Teig „Growitt grob". Im zweiten Versuche entsprach das Brot dem gröberen Brote des ersten Versuches. Die Verluste betrugen in den Versuchen:

	in der Trockensubstanz	beim Eiweiß
I. Versuch bei Brot Growitt fein I . . .	12,14%	21,05%
„ „ „ „ II . . .	11,78%	20,49%
„ „ „ „grob" . . .	13,55%	23,51%
II. „ „ Growitt „grob" . . .	13,29%	24,79%

Hieraus geht zunächst hervor, daß sowohl der Trockensubstanzverlust wie der Eiweißverlust für ein Brot aus dem ganzen Korn (ohne Hüllen) sehr gering ist. Es entsprechen die Zahlen einem Verlust, wie wir ihn bei Broten aus Mehl von 80—82% Ausmahlung finden.

Durch die intensive Vermahlung auf den Walzenstühlen ist demnach ein nicht unerheblicher Teil der Kleberzellen zertrümmert und aufgeschlossen worden.

Weiterhin kann festgestellt werden, daß die feinere Vermahlung vor der gröberen den Vorzug verdient, da bei der feineren Vermahlung die Verluste noch um ein geringes abnehmen.

Endlich zeigt sich noch durch die beiden Parallelversuche, daß das Brot allein genossen weniger gut ausgenützt wird wie in gemischter Kost.

Verlust	in der Trockensubstanz	beim Eiweiß
I. Versuch.　Brot in gemischter Kost　.　.	12,49%	21,81%
II.　　„　　　Brot allein. . . . .　. .	13,29%	24,79%

Rubner stellte zwei Versuche an. Einen Vollkornbrotversuch mit trockner Ausmahlung und einen zum Vergleich nach Groß mit nasser Vermahlung. Bei der trocknen Vermahlung erzielte er einen Verlust an Eiweiß von 23,4%, bei feuchter Vermahlung von 25,9%. Die Verluste stimmen demnach mit den vom Verf. gefundenen gut überein.

Das Growittbrot muß als ein sehr beachtenswerter Fortschritt angesehen werden.

13. Weitere Forschungsprobleme in der Brotfrage.

Überblickt man das gesamte hier dargestellte Material und gibt sich Rechenschaft darüber ab, ob wir wissenschaftlich und technisch in der Brotfrage schon am Endziel angelangt sind, so muß die Antwort mit einem sehr bescheidenen „Nein" gegeben werden. Wir sehen überall noch Lücken und Zweifel, Unsicherheiten und eine ganze Reihe noch ungeklärter Probleme. Ob sie alle der vollkommenen Lösung zugeführt werden können, steht noch dahin, aber mit Bestimmtheit läßt sich voraussagen, daß mit Hilfe intensiver Forschung manche Schwierigkeit überwunden werden und diese wichtigste Ernährungsfrage gefördert werden wird.

Das, was die ganze Brotfrage so brennend macht, ist die schlechte Ausnützung der Kleie. Trotz aller Verbesserungsverfahren ist das Problem noch nicht gelöst. Es ist so wichtig wie kaum ein anderer Punkt und volkswirtschaftlich von hoher Bedeutung. Denn es gehen uns im Durchschnitt noch immer mindestens $1/5$ bis $1/4$ des Nährwertes vom Brot verloren. Hier hofft man durch neuersonnene Methoden, die die vollständige Zertrümmerung der Kleberzellen im Auge haben, weiter zu kommen.

Damit steht im engen Zusammenhange die Feststellung des Brotnährwertes unter Berücksichtigung der eingeschlagenen Verfahren und der sonstigen Bedingungen, unter denen das Brot zur Aufnahme gelangt. Es wird zu prüfen sein, ob nicht durch eine gleiche, überall anwendbare Methodik und geeignete Auswahl der Versuchspersonen der Unregelmäßigkeit der Versuchsergebnisse zu steuern ist. Hier muß auch von neuem auf die Ausnützbarkeit des Klebereiweißes, auf die Verdaulichkeit des Brotes in gemischter Kost oder allein genossen, auf die Verschiedenheiten zwischen frischen und alten, stark sauern und ungesäuerten Broten, auf die Beeinflussung des Zusatzes von Leguminosen zum Brot, auf die Einwirkung von Alkohol auf die Brotausnützung, auf die Verdaulichkeit größerer oder kleinerer Mengen geachtet werden. Es fehlen uns auch noch Kenntnisse darüber, wie das Brot im Alter und im kindlichen Organismus ausgenützt wird, ob das männliche und das weibliche Geschlecht Unterschiede darin aufweisen werden u. dgl. m.

Sehr lebhaftes Interesse erweckt ferner die Backfähigkeit des Mehles.

Die Voraussage, ob ein Mehl backfähig ist oder sich zur Teigbereitung besonders gut eignet, ist bisher nicht zu geben gewesen, und es mußte stets erst der Backversuch Auskunft erteilen.

Das ist wirtschaftlich aber ein großer Nachteil. Es würde außerordentlich wertvoll sein, wenn man hierfür bestimmte Normen aufstellen könnte, um auf Grund dieser Kenntnisse den Anbau des Getreides in bestimmte Bahnen zu lenken.

Auch der technische Bäckereibetrieb hätte viele Vorteile, da das Gewicht, das Volumen und in letzter Linie auch die Güte des Brotes von der Backfähigkeit abhängt.

Die meiste Aussicht, diese Frage zu lösen, verspricht die Kolloidchemie. Es sind von Th. Paul und seinen Mitarbeitern bereits eine Reihe grundlegender Untersuchungen in dieser Richtung ausgeführt worden, die zur weiteren Klärung beitragen werden.

Der kolloidchemischen Forschung dürfte auch vorbehalten sein, die Ursachen festzustellen, auf die das Altbackenwerden des Brotes zurückzuführen ist, eine Frage, die durch chemisch-analytische Untersuchungen bisher nicht aufgeklärt werden konnte.

Man erwartet ebenso über den Säuregrad, der eine so bedeutungsvolle Rolle beim Teigprozeß spielt, durch die Kolloidchemie neue Erkenntnisse.

Ein anderes Gebiet, was noch ziemlich brach liegt und weiter ausgebaut werden muß, ist die Mikrobiologie des Sauerteiges und der Abbau der zellulosereichen Restsubstanzen vom Brot im Darm, — die Darmgärung. Der „Sauer", mit dem wir arbeiten, ist kein sicheres Unterpfand für das Gelingen des Teiges, sondern eine sehr variable und wechselnde Größe, die wir genau und bestimmt dosieren können müßten. Das würde von hohem Wert für die Bereitung jeglichen Gebäckes sein. Und die Kenntnis der Vergärung der Zellulose im Darm könnte Aufschluß bringen, ob und wieviel von diesen Gärprodukten für den Organismus noch ausnützbar wären.

Es harren dann noch zwei große Probleme der Lösung. Das eine ist die Kenntnis des Mineralstoffwechsels, das andere die Frage der Vitamine.

Wie die Mineralstoffe im Körper bei der Brotnahrung ausgenützt werden, steht nicht vollkommen fest. Ob die in den Hüllen und Schalen aufgestapelten Salze eine so ausschlaggebende Rolle spielen, wie angenommen wird, ist noch recht unklar. Die Feststellung ist auch darum sehr wichtig, weil die sog. Nährsalzfrage noch immer nur auf dem unsicheren Boden unbewiesener Behauptungen vegetiert.

Nicht viel besser steht es mit den sog. Vitaminen. Man weiß zwar, daß solche wichtigen Ergänzungsstoffe im Getreide vorhanden sind. In welchem Grade der Roggen und Weizen bzw.

die Schalen, das Mehl und die Kleie beteiligt sind, steht noch nicht einwandfrei fest. Man ist auch noch nicht genügend darüber orientiert, ob diese Körper den Teigprozeß und den Backprozeß unbeeinflußt überdauern oder ob sie nicht gar bei den hohen Hitzegraden zerstört werden. Gerade weil der Begriff „Vitamine" vorläufig noch für den Laien etwas Unbekanntes, aber Besonderes ist, und der Verehrer von kleiehaltigem Brot in ihnen eine neue Kraft spendende Quelle sieht, ist es dringend notwendig, in diese Dunkelheit Licht zu bringen, damit einer Überschätzung vorgebeugt und eine Unterschätzung verhindert werden kann.

Alle diese Zweifel und noch viele andere harren der endgültigen Aufklärung. Sie müssen ihre Lösung finden, wenn der Wert und die Güte des Brotes richtig eingeschätzt werden soll. In diesem Sinne darf es als sehr erfreulich angesehen werden, daß die Arbeiten an jenen brennenden Fragen eifrig betrieben werden, und wir wollen ihnen einen vollen Erfolg wünschen zum Wohle des Volkes.

Druck der Spamerschen Buchdruckerei in Leipzig.

Die im Kriege 1914—1918 verwendeten und zur Verwendung empfohlenen Brote, Brotersatz- und Brotstreckmittel

unter Zugrundelegung eigener experimenteller Untersuchungen

Zugleich eine Darstellung der Brotuntersuchung
und der modernen Brotfrage

Von

Professor Dr. med. et phil. **R. O. Neumann**

Geheimer Medizinalrat,
Direktor des Hygienischen Institutes der Universität Bonn

Mit 5 Textfiguren. 1920. Preis M. 28.—

Aus den zahlreichen Besprechungen:

Für alle, die sich eingehender mit der gegenwärtigen Brotfrage beschäftigen wollen, bildet diese ausführliche Darstellung Neumanns ein geradezu unschätzbares Hilfsmittel. Sie ermöglicht einen Gesamtüberblick über die im Kriege verwendeten und zur Verwendung empfohlenen Brote, Brotersatz- und Brotstreckmittel, über die an ihnen gemachten Erfahrungen, die über sie angestellten Ermittelungen, und das, was wir daraus gelernt haben. . . . Ein größerer Abschnitt ist der Brotuntersuchung, den Methoden des Ausnutzungs- und Stoffwechselversuchs gewidmet und erscheint besonders wichtig in Anbetracht der vielen Punkte, die hier einer Klarstellung bedürfen. Die einschlägige Literatur ist auf das ausführlichste berücksichtigt und verarbeitet worden. Das Buch wendet sich in erster Linie an Ernährungsphysiologen, Hygieniker und Nahrungsmittelchemiker, dann aber auch an alle, die sich mit der Herstellung, Verarbeitung und dem Konsum des Brotes beschäftigen . . .
Monatsschrift für öffentliche Gesundheitspflege, 1921, 1.

.Der Verfasser, der die wissenschaftliche Seite der Frage bekanntlich in vollkommener Weise beherrscht, hat einen erstaunlichen Fleiß verwendet, um das bearbeitete Thema nach allen Seiten bis in die Einzelheiten auszugestalten. Seine scharfe Kritik, verbunden mit absoluter Gerechtigkeit im Urteil (man lese z. B. die Darlegungen über das Friedenthalsche Strohmehlbrot, das Pilzbrot, das Hefebrot), dabei die — ich möchte sagen peinlich saubere Korrektheit in der Zitierung der Literatur und die natürliche, flüssige Schreibweise machen das Studium des Werkes fesselnd von Anfang bis zu Ende. Die Vollständigkeit und die systematische Anordnung des Materials machen es zu einem Nachschlagewerk für den Physiologen, den Hygieniker und Nahrungsmittelchemiker, sowie für alle Kreise, die mit der Brotfrage zu tun haben, und zu einem geschichtlichen Dokument, das weit über die schweren Zeiten des Krieges hinaus seinen Wert behalten wird . . . *Hygienische Rundschau, 1920, 8.*

. . . Wohl kaum einer war berufener, über dieses Thema ein Buch zu schreiben, als R. O. Neumann. Mit der ihm eigenen Gründlichkeit hat er alles, was über Brot, Brotersatz- und Brotstreckmittel gesagt, geschrieben und verordnet worden ist in dieser Arbeit übersichtlich zusammengestellt und auf Grund seiner durch zahlreiche Selbstversuche geschulten Kenntnis und Kritik das Bleibende vom Wertlosen mit sicherer Hand gesichtet. Die Ausführungen des Verfassers über die Vorbedingungen bei Brotausnutzungsversuchen hinsichtlich der Versuchsdauer, der Auswahl der Versuchspersonen, der Wahl der Versuchskost, der Untersuchung des Kots und der analytischen Methode sind sehr beachtenswert . . . Wer über die Brotfrage restlosen Aufschluß, über irgendeine ihrer zahlreichen detaillierten Unterfragen Aufklärung, wer über irgendein bisher angepriesenes oder im Handel erschienenes Brot etwas wissen will, oder wer einen Ratschlag in dieser Beziehung braucht, der findet alles in diesem vorzüglichen Buche mit größter Genauigkeit und sachlichster Kritik vor. Es ist das Beste auf diesem Gebiete. *Deutsches Archiv für klinische Medizin, 1921, 2/4.*

Hierzu Teuerungszuschlag